产品

伪装

设计

于广琛…………………著

知识产权出版社

全国百佳图书出版单位

目　录

前　言
008…013

何为伪装
014…039

伪装设计的
思维基础和
美学基础
040…045

伪装设计目标
046…057

伪装设计的
基本创造原理
058…069

伪装设计的
切入点
070…085

为伪装

1.1 产品的造型是认识物体的信息 016

1.2 伪装设计的分类 020

1.3 伪装设计的形态方式 020

3.1 自然伪装 020

3.2 人工伪装 022

1.4 伪装设计的心理认知 024

4.1 五感 024

4.2 五识 027

4.3 心理认知的感受方式 029

1.5 伪装设计的统一性 030

5.1 人的因素 031

5.2 功能因素 032

5.3 技术因素 034

5.4 市场因素 035

1.6 伪装设计的感性化 036

1.7 伪装设计定位 038

装设计的思维基础和美学基础

2.1 伪装设计的思维机制 042

.1.1 思维的基础 042

.1.2 思维的展开 043

2.2 审美对伪装设计的指导作用 044

.2.1 伪装设计的审美多元性 044

.2.2 伪装设计的审美社会性 045

装设计目标

3.1 统一与变化目标 048

.1.1 统一与变化 048

.1.2 统一与变化目标实现的方法 049

3.2 对称与平衡目标 050

3.3 比例与尺度目标 052

3.4 节奏与韵律目标 053

3.5 形态的组织与重心目标 054

3.6 时效性与创新美 054

3.7 伪装设计与个人化 055

伪装设计的基本创造原理

■ 4.1 伪装设计的模仿与再造 060

■ 4.2 伪装设计构成 061

■ 4.3 伪装设计的基本修辞方法 062

4.3.1 伪装设计的简洁手法 062

4.3.2 伪装设计的分割与重构 063

4.3.3 伪装设计的重复组合 064

4.3.4 伪装设计的契合 064

4.3.5 伪装设计的过渡 066

4.3.6 伪装设计的呼应 066

4.3.7 伪装设计的比拟与联想 067

4.3.8 伪装设计的主从与重点 068

伪装设计的切入点

⬠ 5.1 伪装设计的逻辑构成 072

5.1.1 单体伪装设计 073

5.1.2 复合体伪装设计 077

⬠ 5.2 意象类伪装设计 080

5.2.1 立体解析 082

5.2.2 同质异构、异质同构 083

5.2.3 夸张、简约 083

材料、结构、
运动结构对伪
装设计的作用
086…121

伪装设计的
视觉效果、
细节处理和
局部调整
122…141

伪装设计辅助
建立品牌形象
142…161

信息技术与
伪装设计
162…175

未来怎样做
好伪装设计
176…180

参考文献
182

料、结构、运动结构对伪装设计的作用

6.1 材料对伪装设计的作用 088

1.1 材料的分类与作用 089

1.2 材料的性能与形态 091

1.3 常用设计类材料的分类 094

1.4 材料与伪装设计 096

6.2 结构对伪装设计的作用 098

2.1 结构与自然 098

2.2 伪装设计的结构与强度 099

2.3 结构中材料的基本连接方式 103

2.4 结构单元的不同配置对伪装设计的影响 105

2.5 结构与伪装设计的关系 107

6.3 运动结构与伪装设计 109

3.1 常用运动结构在伪装设计中的使用方式 112

3.2 运动结构与空间 119

3.3 仿生伪装运动结构设计 120

装设计的视觉效果、细节处理和局部调整

7.1 伪装设计的视觉效果 124

1.1 伪装设计的颜色设计 124

1.2 颜色设计的作用 125

1.3 伪装颜色设计的方法 127

7.2 质感设计 129

2.1 质感 130

2.2 质感设计的分类 132

7.3 产品造型的局部处理及调整 135

3.1 具体尺度的人机工程学确定与校正 135

3.2 局部造型的处理 136

3.3 基本视觉元素的校正 136

伪装设计辅助建立品牌形象

■ 8.1 品牌 144

■ 8.2 伪装设计与品牌的关系 146

8.2.1 伪装设计对品牌的作用 146

8.2.2 基于品牌形象的伪装设计原则 146

8.2.3 伪装设计与品牌形象的统一 147

■ 8.3 基于品牌的伪装设计方法 151

8.3.1 空间感的表现 151

8.3.2 体现生命力 152

8.3.3 装饰主义手法 153

8.3.4 情趣性伪装设计方法 154

■ 8.4 伪装设计的识别性 157

信息技术与伪装设计

◆ 9.1 基于信息科技的伪装设计特点 164

9.1.1 用户参与 164

9.1.2 个性化定制 167

9.1.3 家庭化科技 169

9.1.4 网络互动与接触 172

◆ 9.2 基于信息技术的伪装设计流程 173

未来怎样做好伪装设计

前　言

从人类最早使用并制作工具到现今，人类文明已经设计并制造了无

产品，从电子产品、便携通信设备、智能化产品、装饰品、

具到各种交通工具，可谓数不胜数。然而，产品设计的发展

伐从未停止过，作为产品设计的主要从事者——设计师，

断自我进化的过程中掌握了更高的设计本领。各类产品设计

通过设计实现自己的设计理念，满足消费者的需求。因此，

品设计被看作设计师内在的、与生俱来的能力在工作中的体现

他们不断地寻找并分析成功的产品设计方式，了解各项新的

消费者为中心的产品设计方法。在长期的课堂授课和科研实

的基础上，我们逐渐探索和总结出了产品设计的新方法。这

新的设计方法基于用户心理学和人机工程学的原理，被称为

品伪装设计。经过深入的研究和论证，已初步对其形成了一

独特的认识。利用产品伪装设计方法能够为企业和用户带来

好的产品价值和体验，也能够为采用它们的设计师带来同等

认可和回报，其中许多产品设计案例和实践研究结果在本书

都有涉及。

在传统的工业模式中，技术关系着产品的成败，商家重点关注产品

核心技术，并重视新技术、新材料和新工艺的研发和应用。

数字化时代，新技术和新材料发展迅猛，技术本身已经不是

题。在"工业4.0"和"中国制造2025"的背景下，制造

的智能化水平大幅提升，网络实体系统及物联网成为技术基础

数据化、智慧化成为现今工业发展的代名词。许多产品滞销

被淘汰，开发商急于将产品升级以适应时代的发展。由于产

种类众多，如果产品的设计没有本质的明显区别，那么将会

没在同质化产品中，不会被消费者所关注，特别是初创产品也会立即面临被稍后跟上的同质化产品赶超的危机。高度灵活的个性化和数字化产品与服务的生产模式使消费者的选择范围得到了无限放大。消费者购物理念日趋成熟，消费者也已不再是单纯为了满足生活的需求而草率购买产品。消费方式已由基础的生理需求等功能性的满足向精神上的需求转变，产品的每个层面都会成为消费者选择的重要依据。目前，由于盲目追逐市场上成功案例的经验，产品设计的方法和风格逐渐趋于一致，导致同质化问题的普遍性发展。强调功能可靠性、去除不必要的装饰，造型简约、一目了然、优雅等特征成为很多人所青睐的设计风格，这种设计风格在产品设计中应用越来越广泛，并且成为当代设计的一种趋势。然而，设计风格过分强调抽象和几何化，使产品呈现过于理性、严谨的形态，使人感觉机械、冷漠，降低了用户体验的愉悦感受。面对这样的问题，寻求一种既能保持成熟设计风格又可以避免机械、生硬感受的设计表达方法，就成为一个迫切需要解决的问题。如何将造型与技术整合起来，构建一套新的人与产品、产品与环境之间的联系，以便吸引消费者眼球，成为伪装设计发展的方向。

本书通过对伪装设计的详细讲解，希望帮助设计师开发出可以成为领导市场的产品，重新定义现有的市场或者开拓新的市场，为用户带来更完善的服务，使用户获得更好的消费体验，并感受到某种新的生活方式，同时为企业创造出更多的价值。研究发现，伪装设计的过程充满挑战性，令人精神振奋并富有成就感。为了达到产品设计的最终目标，必须有合理的计划和一个合作默契的业务能力资深的团队。伪装设计有完整的程序和方法，但团队必须有能力去应对过程中随时出现的各种问题。成功的伪装设计同样需要有周密的计划，需要用不同的伪装设计方法来解决可能会遇到的产品设计困难。团队里的设计师、工程师和市场分析师必须就有希望的伪装设计方向达成共识，共同协作，构造成功的产品设计方案，从而创造出能够满足消费者需求和期望的产品。成熟和完善的伪装设计对开发创新性的产品而言是必不可少的。那些把伪装设计当成一次挑战的公司都会了解其中每一步骤的关键性，伪装设计的每一个环节都一样重要。伪装设计过程必须有相应的技巧和耐心，成功地运用其方法，才能创造出成功的产品。伪装设计应用于产品设计中不仅可以使产品更贴近消费者的

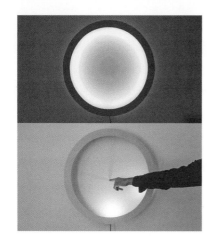

▲

图1 Shadowplay 时钟添加了用户与时钟的互动性，增强了用户的体验感受，从而拉近了时钟与用户的距离，它的边缘点缀着多个 LED 灯，一般情况下为整个钟面笼上了一层轻柔的光晕，乍看上去会以为是墙上的装饰灯，指针或数值被伪装了起来。当使用者需要查看时间的时候，只需要将手指垂直指向时钟的中点，这时候相应的 LED 灯就会亮起，而使用者的手指投出的两个倒影便成为柔和的时针与分针。

心理体验，而且可以使其更具有市场寿命，因此伪装设计为新兴的设计理念会逐渐引起设计界的关注。

实际中有很多公司在开发产品时仍采用传统的研发流程，原因也很单，当一个企业步入正轨，并保持着正常的运营后，便开始部就班地进行循环操作。核心技术和资本两个条件具备后，即开展产品的开发。为了赢得市场，企业领导者会着眼于最速的产品设计，尽量缩短设计过程，力求以最快速度直接进产品加工和质量控制阶段，希望以速度取得第一时间占领市的优势。这些公司认为核心技术和资金会顺其自然地解决许前期问题，或者说它们着重把精力集中在保证制造质量和资链的正常循环上，这个大概念就可以获得市场。这便给当下球所有的设计师带来了这样一种局面，需要应对两个巨大的战，一方面是难以想象的科技发展速度，另一方面是市场对品设计提出的要求越来越多。在产品设计过程中，很多环节问题会令设计师措手不及甚至无法应对，产品必须在恰当的候以准确的方式设计出来，这意味着设计师不能轻而易举地成产品设计的任务，设计师必须要高效率地处理好各种挑战问题。在这种产品研发概念上，当遇到一些产品设计问题的候，往往会采用遮盖或删除这样传统而单纯的方式，力求快解决问题。实际上，这样的产品开发策略会导致产品的成功降低。其结果不仅仅是时间的浪费、利润的降低，还会影响品的品牌影响力，削弱投资者的信心。相较为了追求研发速而近似急功近利的快速修改设计方案，而被迫采用的删减或加等传统设计方法而言，伪装设计是一种可以良好完善设计案，直接而踏实的产品设计方法，避免了简陋与强硬式的设方法。良好的设计程序和方法是产品研发成功的重要保证，书将帮助产品设计师成功地掌握产品设计中的伪装设计方并提供使产品拥有更高市场成功率的设计工具。

企业想要把自身某一类产品提升为领导市场的产品，自然会面临一列的困难和革新。这些问题常常要求企业重新确定成本的底纟寻找守住底线的方法和途径。企业希望在做产品研发的时候增加了利润，又保证了与同系列产品的成本持平，采取既保领先又能保证品牌连续性的研发策略。为此，企业一方面要力实现既定的销售目标和预计的利润，另一方面还必须解决下问题：

▶ 及时而准确地捕捉到产品开发的时机。

▶ 洞察消费者的潜在需求。

▶ 通过造型和功能的理想结合，设计出真正符合消费者需求的产品或服务。

▶ 充分发挥产品开发前期的作用，以减少或避免后期过程中的修正。

▶ 在不影响创新和降低质量的前提下缩短产品开发周期。

▶ 了解品牌形象和产品设计相辅相成的关系。

▶ 在产品开发过程中，给技术合理的定位。

▶ 意识到用户体验和产品心理学在产品设计中的重要性。

▶ 发掘人才，组建精干团队。

对于上述问题，要求产品研发团队必须有共识和判断。当产品的某一个研发契机被研发团队定位的时候，每个层次的每个人必须对产品潜在的市场价值和消费者需求有统一的认识并一起维护这种认识。为了达到给消费者提供更丰富、更充实的生活体验，当然不能仅仅依靠增加成本和科学技术的提高。产品的造型、功能、材料和加工工艺等因素，有很多看似司空见惯的环节，但其中还有很深的层面可以推敲和钻研，伪装设计所涉及的也正是这一领域，是将以往产品设计中所忽视的层面，前置于设计初始阶段的一种设计方法。这里所指的不仅仅是最终能够设计出具有竞争力的产品，也包括能够设计出可以重新定义产品市场或者超越预期产品开发目标并开创新市场的产品。因此，对于这一层面的认知，是非常必要的，有助于打破所处的瓶颈，提升设计质量，调节好产品价值与客户需求之间的关系。伪装设计过程本身对设计师而言也应该是极有影响力并富有成就感的。伪装设计实际上也会是一个充满乐趣的过程，每位设计师都能够在运用这一设计方法的同时享受这个过程，在工作中受益匪浅。

伪装设计产品来自于伪装造型和伪装技术的合理结合，虽然伪装设计的"伪装"二字容易使人联想到"欺骗"，但伪装设计以不损害消费者利益为绝对前提，为设计者和消费者服务，这是一种理性地运用人的生理和心理特点与产品设计相结合，以达到合理运用设计元素和现有资源目的的产品设计方法。

产品伪装设计为产品设计带来新的切入点和研发方向，而借助科技的力量，涌现出大量的新材料和新技术，从而革新了设计方法，也为产品伪装设计增添了更多的设计形式和方法 。这些新条件的加入，在协助产品伪装设计的同时，也会促进产品伪装设

伦敦事务所 Atmos
io 设计师 Alex Haw 设
室内装修方案，更好
现出了楼梯在住宅空
的扭动姿态，而不至
人感觉杂乱无章，通
种不同颜色的处理方
巧妙地将楼梯做了归
类，起到导引的作用，
梯流动的形态与地脚
案有机地融为一体。
里颜色起到了决定性
用，也是一种不容易
现的伪装设计方法。

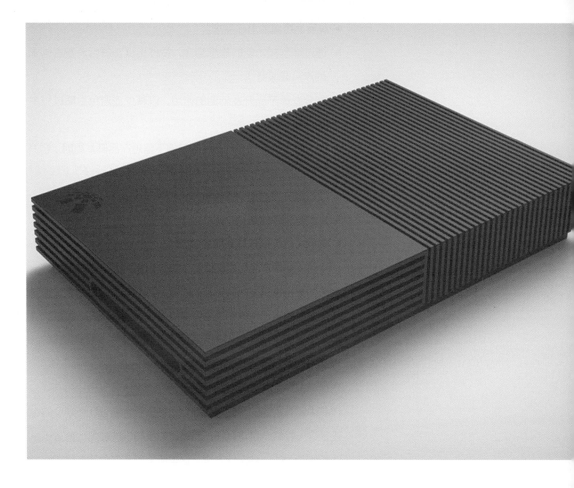

▲
图3 通过均匀地排列横向
和纵向线条元素，使得原本
单调的方块体包含了丰富的
细节，掩盖了原本宽大呆板
的体形，同时也增强了产品
本身的体量感和稳定性。

计能够向更深层次发展，加深设计的内涵。在产品开发的过
中，产品伪装设计能够满足不同设计师所需不同的伪装设计
法。在使用产品伪装设计进行产品设计的同时，也促进了新
设计理念和设计方法的诞生。

本书详细阐述了关于伪装设计的具体理论观点和方法，目的在于针
伪装设计提供一个整合与综合的认识，以便设计师在理解设
或碰到问题时能得到一些提示，帮助设计师提高并探索自己
设计理念与设计风格。同时，强调伪装设计中需要应对的一
列问题，例如，对于相关技术知识的理解和必要的技术技巧
掌握等。

本书为伪装设计的理念提供了一个体系框架和案例解析，设计师可
从中挖掘所需的关键点并深入思考，深化自己的设计方法，
探究更深层的本质。作为一名设计师，及时了解并总结新的
计方法和设计规律，通过自己积累的知识与信息创造崭新的
与众不同的事物，才能够更好地从事产品设计，从而在设计
践中不断提升设计水平。

产品伪装设计涵盖了丰富的知识和内容,是一个永无止境的实践领域,这也再一次印证了它是一项独具魅力的工作。本书并没有对众多有关产品设计的复杂观点做出概括和总结,而是阐述作者本身对于伪装设计的认识和看法。

本书部分图片和设计案例来源于 https://www.pinterest.com/、http://www.zcool.com.cn/、http://www.shejipi.com/ 的网站资源,特此表示感谢。

作者

2015 年 3 月

1

何为伪装
014…039

1.1 产品的造型是认识物体的信息

造型和功能是产品所包括的两个方面，它们的概念十分广泛。造型和功能伴随着众多的产品呈现在人们眼前。随着时代的前进、科学技术的发展以及人们审美观念的提高与变化，产品的造型设计和功能设计不断地向高水平发展变化。影响产品造型和功能的因素很多，但是，现代产品的造型和功能主要强调满足人和社会的需要，使美观大方、精巧宜人的产品满足人们的生活和生产活动，并提高整个社会物质文明和精神文明水平。这是产品设计的主要依据和出发点。

任何一种产品都是有造型的，人们通过视觉和触觉感受各种物体，从而认识各种物体。造型是产品的物质存在方式，也是产品的表现方式，是消费者认识产品的手段和方法。造型是认识产品的信息，是作为客体对于主体产品表现的重要条件。消费者往往首先通过造型来认识产品，因此，在产品中造型占有绝对重要的位置。从产品设计符号学的理论看，产品造型是一种符号，它传达着有关产品使用过程中的情感、美感、意志等方面的内在体验。符号的基本功能就是传递信息。设计师通过造型设计让产品通过自身的造型符号告诉消费者自己是什么以及怎样使用等信息。

从人类认知角度来讲，无论是感性认识阶段还是理性认识阶段，造型都是重要的对象和内容。人们对物体的早期接触属于感性认识阶段，所谓感性认识是对事物外部造型直接地、具体地反应，它包括感觉、知觉等形式。这种认识方式的特点是直接性和具体性。在现实生活中，经常作用于人的感官的是物体（包括外形、结构、颜色、质感等）、图像、符号等各种模式。人的认知可以看作一个知觉过程，它依赖于人已有的知识和经验。研究消费者对于一个产品的认知过程可以发现，虽然近些年来设计加深了产品的触觉设计，但视觉造型还是占第一位的。当人观看眼前对象时，习惯上是把看到的信息与自身记忆中存储的信息进行联系。在联系的同时，将看到的视觉信息和记忆中存储的信息逐一对照，一旦发现某些类似特征，就会引起注意，激发自己在情感上与产品的共鸣，并能够和自己的一些经验发生联想、想象，进而对产品产生好感。市场中常提到的对于造型重要性的描述为"货卖一张皮"，由此可以看出，消费者总是先看产品外观，然后才会涉及触觉。产品的外观造型直接影响到该产品的销售效果，消费者通过购买的产品实现其生产价值，造型在产品设计中是第一层面，是消费者与产品的第一交互通道。因此，产品设计中最重要的造型因素是伪装设计的重要着手点。

大自然中有众多的伪装高手。通常情况下，自然物种的伪装技巧是为了赢得自身的生存，伪装技术本身就是功能的执行因素，因此，伪装技术本身极具功能性。这一点我们可以从总结分析具有伪装能力的生物外观中解读出来。从功能性的造型来看，经过不断进化，众多动植物鬼斧神工般的伪装造型是合理的。

一个完整的伪装，更像一套系统，除了具备形态、质感、颜色三个基本造型要素外，伪装所能发挥的功能特性是另一个重要方面。一般来讲，伪装总是承担着使主体本身与外部环境相适应的作用，这种作用就是伪装的机能。作为动植物而言，伪装主要是适应存在的机能，目标是为了生存，躲避掠食者的杀戮。伪装服务于被掠食者，作用于掠食者。伪装可以混淆掠食者的"五感"，被掠食者从而得到生存的机会。由此我们可以初步给伪装设计下一个的定义：伪装设计是产品设计的一种设计方法，其主要表现在以人的"五感"为基础，通过伪装手法作用于设计的一门学问。它同时研究人们在设计创造过程中的心理感受和视觉感受，以及产品对社会及对社会个体所产生的"五感"反应，反过来再作用于设计，使设计更能够适应其使用环境并满足使用要求。

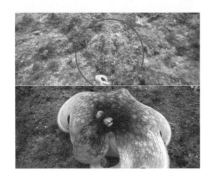

▲
图 1.1 改变皮肤的颜色是
章鱼的伪装技能，使其与周
围的环境融为一体。

▼
图 1.2 拟态章鱼通过模仿
危险动物的形态来欺骗捕
食者。

大自然中的动植物造型是以生存和繁衍为主，更多地趋向于掠食和生方面。章鱼可谓自然界的"伪装大师"，它的伪装具备和逃生两大功能。章鱼的伪装技能就是改变皮肤的颜色，使与周围的环境融为一体 (见图 1.1)。章鱼中的拟态章鱼可以在一程度上模拟生物链顶端危险物种的体色和活动方式以达到捕食者的目的 (见图 1.2)。章鱼的变色和拟态特性可以随着环突发事件的情况不同而做出不同的变化，这一技能保证了在遇到捕食者时可以恐吓对方，甚至可以退缩逃跑。

2014 年 8 月 18 日出版的美国《国家科学院学报》月刊详细介一项技术，受头足纲动物皮肤具有变色能力的启发，研究发明出一种新型伪装布 (见图 1.3)，主持这项研究的是休斯敦机械工程系助理教授余存江（音）与伊利诺伊大学厄巴纳佩恩分校贝克曼研究所的约翰·罗杰斯。这种新型伪装布速感知环境，并模仿周围环境而改变颜色。这项技术被称电子伪装系统，它是根据章鱼、鱿鱼和墨鱼能改变自身颜而躲避捕食者并发出警告的能力开发的。目前，它可以实色和黑色的转换，在颜色转换过程中可呈现灰色。与这些动物的皮肤一样，该伪装系统是一个横纵各有 16 格的正网格结构，每个网格都由三层组成。最上层有热敏感染料室温下呈现黑色；当温度上升到 47℃时，则变为透明；度下降后，再次变为黑色。中间层是一张很薄的银片，它制造明亮的白色背景，银片下面可以加热染料从而控制变最下层的一个角上有一个探测装置，在与上面两层对应的上都开有槽口，使该装置可以一直感知周围环境。该装置底为柔性结构，可使其在弯曲和受挤压的时候也不会破碎。

由此可见，人类的灵感来源于大自然，但即使是处于信息化时今天，人工产物也仍然超越不了大自然中的生物形态，尤其它们在环境中的特征、结构、机能与生存环境的合理性，要是千百万年来生物为了生存而逐渐适应环境的结果。这果会对我们的造物设计带来巨大的启示，是人类造物不可考的最宝贵的资料之一。

大自然中动植物的伪装技巧可以概括为四个因素，即形状、质颜色、结构。除了大自然伪装大师的高超技艺，古人伪本领也很高超，古人造物所涉及的形式相对现代设计要粗多，也相对比较简单。但很多古老的器物中却时常蕴含着设计的理念和手法。

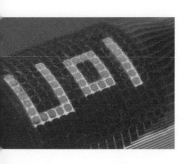

.3 可以实现白色和黑
换的伪装布。

对于伪装设计而言，造型是首要的，造型需要很好地为其服务，造型也是判断伪装设计价值的基本标准。自然界动植物的伪装由于服从大自然的法则而具有一定的必然性造型形态，伪装设计则由于消费者需要而具有一种可变性的造型形态。

具备伪装设计性的产品设计可归纳为三种基本特性，即视觉性、生理性和心理性。所谓伪装设计的视觉性是指产品通过颜色、质感和肌理的处理使人的视觉偏离对该产品的大小、明暗、动静的正确信息反馈。对于产品而言，视觉感受始终是最重要的要素。伪装设计的生理性则是产品通过材料特性和表面处理工艺，使人在进行人机操作或接触时偏离对该产品的正确感觉反馈。伪装设计的心理性是指产品在使用时作用于人的视觉效果和由此产生的心理感受。心理性产生在视觉性和生理性基础之上。在人们使用产品时，通过不同的感官认知产品，产品的视觉效果和触觉感受影响着头脑的活动思考，并产生相应的情感体验，利用这一心理特点，通过预设的产品特征使人们的情感体验按照预期的目标产生或发展，这种折射着一系列利用心理现象的过程就是心理性。按其性质可分为三个方面，即认知方面、情感方面和意志方面。由此可见，伪装设计的三种基本特性都是以人与产品发生关系为基础的。

从较普遍的范围来讲，伪装是一个介于主观和客观之间的事物。因为无论是自然界还是人工环境都存在活动，但伪装却是一个"主观"性的狭义概念，伪装一词的内涵中有一定的人工创造的意义。

自然界里的伪装是形形色色的、包罗万象的，人类和动植物都能触及伪装的领域。设计师依据设计经验和人们对于产品的体验，产生了对产品的创造。伪装设计是设计的一种表达形式，伪装的概念司空见惯，但作为设计师却要对概念进行深入挖掘和正确理解。为了揭开伪装设计的面纱，清晰理解伪装设计的基本概念，我们需要对其进行分析。

伪装设计是一种通过营造伪装的设计构想来升华和传递产品价值的创造性工作。伪装设计以其独特的方式为产品创造与众不同的个性特色和功能用途，进而使产品更适合于市场，更容易被消费者所认同。对产品设计而言，对伪装设计进行研究的目的就是进行伪装的创意和实施，创意是伪装设计的概念设计阶段，实施是伪装设计的实现结果，二者体现出伪装设计的过程与步骤。有效得当的伪装设计产品更容易使消费者感知产品的属性及特

▲
图1.4 用跨界的材料通过特殊工艺处理的铜桌，表现出不同的材质感觉。

▼
图1.5 通过表面处理工艺塑造伪装质感的细节。

质，并产生相应的体验感受，这些体验影响着消费者的心理、情感、思维，并引导消费者与产品之间的关系。伪装设计为消费者与产品之间建立起良好的沟通模式，通过可参与性、趣味性、个性化、人性化等特征，与消费者之间实现策略式的传递过程。从购买产品、打开包装到使用产品的每个环节，都是伪装设计调动消费者的"五感"、行为反馈及心理情感的过程。

1.2 伪装设计的分类

了解伪装设计的分类不仅是为了了解这个体系，更是要帮助我们进一步了解伪装设计的方法，伪装设计分类概括起来主要有如下几种：

▶ 根据伪装设计的形态方式分为自然伪装和人工伪装。

▶ 根据伪装设计的空间维度分为平面伪装和立体伪装。

▶ 根据感知领域分为主动伪装和被动伪装。

1.3 伪装设计的形态方式

伪装设计根据其形态方式可以分为自然伪装和人工伪装。自然伪装和人工伪装都有其特定的机能。

1.3.1 自然伪装

自然伪装借鉴自然规律生成的自然伪装形态元素，不涉及任何人为

.6 伪装成水果的果汁
暗示了果汁的新鲜。

.7 利用自然环境中的材料
鞋子伪装成自然环境。

素的影响，可以通过人工性的制作和表面处理工艺等元素还原自然伪装形态元素。自然伪装包括非生物自然伪装和生物自然伪装。非生物自然伪装一般指借鉴以无生命的形态，如云朵、浪花、山口、河流、星云等无机形态为主的伪装设计。生物自然伪装指以借鉴有生命的或者曾经有生命的有机形态为主的伪装设计。生物自然伪装大多是以自然界各种生物的整体或局部造型为主的伪装设计。非生物自然伪装与生物自然伪装构成了丰富多彩的自然伪装设计。

看上去简洁的实木桌子^{（见图1.4）}，实际上是设计师采用黄铜材料和表面处理工艺制作的铜桌。用跨界的材料通过特殊工艺的处理，表现出不同的材质感觉^{（见图1.5）}，这种表达方式能够提升产品的潜在价值，更多地为产品增添内涵，给人精神享受。

深泽直人设计的果汁包装瓶^{（见图1.6）}通过形象的设计充分展示了大自然的元素信息，更容易将消费者的目光聚集于此。该主题元素的使用将果汁的包装盒伪装成了水果，暗示了果汁的新鲜，增强了产品的视觉冲击力，提升了该产品在同类产品中的竞争力。

纵观人类文明，都有直接或间接地来源于对大自然的模仿。因此，任何一名设计工作者应关注和重视自然伪装，它为提升产品设计的质量提供了非常重要的参考价值和借鉴作用。

对自然元素的观察、分析也是设计师的专业能力。自然元素是人类创造形态的巨大宝库和启发源，所以研究认识自然是产品设计最重要的阶段，就像产品设计的发展史上有许多成功的设计作品同样都是受自然因素启发的。设计师把各种自然环境中的材料用到了拖鞋上^{（见图1.7）}，让用户可以在穿鞋的同时，双脚可以感受到相应的自然环境，这是一种将鞋子伪装成自然环境的手法。

自然物在伪装设计中应用的空间很大，可从自然的形态、结构、色彩、材质和肌理等不同的角度对自然物进行模仿和再创新。通过对自然界的模仿，可以使伪装设计获得自然界进化过程中成熟的伪装经验，这种对应特质包含功能的、情感的和情境的。自然界中动植物的形态多以曲线造型为主，并以此赢得了视觉感官上的张力，曲线的形态具有自然生长的特征代表。与造型相比，自然界系统中的色彩方面更加让人叹为观，颜色丰富、层次分明，具有丰富的色彩语言，传递着大自然的情感。林林总总的生物色彩现象和成因对伪装设计进行色彩创新和提炼、提升伪装设计色彩方面的设计效果以及发明更好的伪装着色方法有着重要的作用。在材质和肌理方面，通过模仿自然，使产品

图 1.8 金属导线嵌入聚碳酸酯的透明盖子中，将手机听筒伪装成应用了"蓝牙"技术。

设计伪装后具备与伪装目标相近似的特征，帮助用户理解所要传递的信息。

1.3.2 人工伪装

人工伪装是人类采用人工材料和加工工艺以及利用声、光、电技术造出来的伪装设计。人工伪装是人类在产品设计过程中产生的所以它与设计师的关系最为密切。人工伪装也是依据人的意所生产出来的，并具备特定的形式和功能，因而它可以最大度地满足产品设计的需求。人工伪装与自然伪装的区别在于们的形式不同，自然伪装的形成主要凭借自然因素，而人工装则是按照人的意识，借助人工的条件形成的，其中人的意起决定性的作用。

人工伪装的形成主要包括两个重要的方面，即材料及其加工工艺。料和加工工艺的发展直接影响着伪装设计。同样，人类的编史从石器时代、青铜时代、铁器时代、蒸汽时代、电气时代信息时代，是以材料和加工工艺的发展进程为标志的。

产品设计的主要对象——工业产品是人工伪装中重要的组成部分。工伪装设计是伪装设计的主要内容。

人工伪装是按照产品设计的需要，且在产品生产可行性的约束下，人为的方法被设计出来的。人工伪装的许多借鉴原形都来自自然伪装。人类自身来自于自然，人的生理、心理及其规律自然的产物，受自然的约束，因此，人工伪装应是伪装设计识在造型、功能、材料、工艺及经济价值等方面合理整合的果。设计师在设计摩托罗拉 A1200 手机的听筒（见图1.8）时，金属导线嵌入聚碳酸酯的透明盖子中，塑料的绝缘特性很好保护了导线。这一巧妙的设计手法让很多用户误认为此款手的听筒采用了先进的"蓝牙"技术，在当时赞叹了一番摩托拉的科技水平。

快餐纸杯是被广大消费者所熟识的人工产品，已成为生活中的必品。便笺纸采用了饮料的造型（见图1.9），盛放便笺纸的包装成了纸杯提盒的造型，不走近很难看出这是便笺纸。便笺借助纸杯的造型引发了便笺纸与消费者的共鸣，增添了便纸的趣味性，其产品的附加值极大地满足了用户的精神需求但它也掩饰了因为塑造这一效果而损失的实际功能和较高生产成本，每张便笺纸因为配合纸杯造型截面而设计得细长所占空间过大且不方便使用和固定，贴在任何一个物体上会显得很凌乱。由于便笺数量少于普通便笺，用户需要支

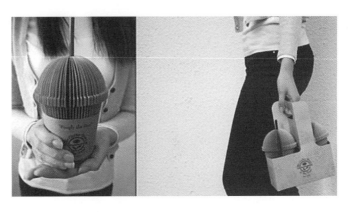

9 便笺纸的包装伪装
餐纸杯。

便笺本身和提篮的成本。但设计师选择了合适的人工产品元素，将消费者的注意力转移到了其设定的象征意义上，伪装了其为了达到设计构思所产生的问题。人是人工伪装创造的唯一参考资料和创意源泉，也就是说人工伪装来自于人和人所在环境，要进行伪装设计必须首先进行对人和人所在环境的积累、分析、选择、重组与创造。

自然伪装的设计特征与人工伪装的设计特征大不相同，甚至有时是相背离的两个设计表达方向。自然伪装追求对于自然的模仿、提炼和创新，而自然的生物极少呈现抽象的几何形态。在这个层面上来看，自然伪装与人工伪装是伪装设计中风格追求的两个极端。然而，通过对比我们会发现，在人工伪装的产品中也会有一些自然伪装的痕迹出现。这种结合了自然伪装的人工伪装产品主要集中在感性人工伪装区域，而且自然伪装程度越高，感性语义表达越明晰，产品的情感要素表达越强烈。当自然伪装手法应用到人工伪装风格的产品中时，自然伪装在保留了原有简洁、明确等风格特征的基础上，丰富了形态的表达，形成了一种新的人工伪装风格。

自然伪装较之于人工伪装，在形态上更具张力，让人产生丰富联想，使得产品形态更耐人寻味；同时，伪装的效果更加丰富，让人通过伪装对产品内容产生相关联的联想，加强了伪装的方式，并创造了情境联想。人工伪装的伪装效果借由用户群体的不同而不同，需要对用户群体进行深入调查和研究；此外，人工伪装对于科学技术水平要求较高，很多情况下需要借助相当高的科技水平才能够得以实现。人工伪装产品通常采用纯粹的人工形态，简洁外表下缺少感性表达，容易让使用者对产品有疏离感。当自然伪装和人工伪装的方法运用到产品设计中时，会使产品蕴含自然和日常生活中熟悉的伪装内容，进而通过感官的

认知，打破人与产品之间的阻断，让人对产品更加青睐，侦
装设计更具人情味。因此，在构建伪装设计的产品过程中，
用自然伪装和人工伪装的设计方法可以迅速、有效地达到预
的伪装设计目标。

1.4 伪装设计的心理认知

1.4.1 五感

人通过感官对产品产生认知，感官是一个统称，而不仅仅是由人的
觉来独自完成的，它是由包括视觉在内的五种感觉形成的绐
体验感知。人的五种感觉分别是视觉、听觉、嗅觉、味觉、
觉，对应的"五感"即形、声、闻、味、触。

- ▶ 形：指形态和形状，包括长、方、扁、圆等一切形状以及形
  颜色、大小、多少、方向、行为、外貌，等等。
- ▶ 声：指声音，包括高、低、长、短等一切声音，也包挂
  发出声音和听见声音。
- ▶ 闻：指微粒在黏膜中的反映，如香、臭。
- ▶ 味：指味道，包括苦、辣、酸、甜、咸、鲜等各种味道。
- ▶ 触：指触感，包括触摸中感觉到的冷热、滑涩、软硬、
  痒等各种触感。

"五感"为人们对事物的感知、判断提供感性资料。不同于单纯视
的感知方式，产品各种因素通过激发"五感"使消费者获
新鲜感受，间接地展现商品的特性，引发消费者知觉上的
验交互。产品设计将产品的形状、结构、颜色、功能及其
辅助设计元素与产品信息联系，并将信息传达给消费者，
而刺激大脑通过感官体验反馈行为。消费者对于一件产品
关注、理解、领会及记忆，是和依托于人的感觉器官中对
品的造型、功能、色彩、包装及价格等的新奇性特征分不开

人们通过基础的"五感"来对外界事物进行认知和沟通，而人从
界获取的信息绝大多数是靠视觉获取的。视觉信息是由造
颜色和材料等符号元素构成的可视形象，它是构成产品的
要元素。视觉信息通过大脑接收并加工处理成带有一定感
因素的形象，形成视觉体验。在各类产品领域中，不同品
的商品看上去几乎一模一样，要想在众多的同质化产品中
颖而出，产品需要借助独特的外在表现形式，从挑选过程
胜出。在选购商品时，人们通常的认知习惯是把已接收并

储的产品信息进行差别化比较，独特和较强烈的信息容易被意识到，差异化和创意性的元素越多，信息量就越多，就越容易引起人的意识反应。相似外观结构的诸多产品的色彩、装饰图案、文字说明及其他信息元素的差异化特点便成为消费者判断产品门类的重要提示。因此，产品设计师通过改变和增强消费者"五感"的认知感受从而引发其产生共鸣，构筑具有强烈而独特的视觉感受，可以使消费者感觉到其特别之处，最终影响消费者的购买决策。

"五感"都有各自反馈信息的形式，而且都存在容易发生错误的可能性。"五感"对于人的心理感受类型非常多，也很复杂，从不同的角度有不同的分类方式和研究方式，但无论哪种感受都离不开对人心理的凭借。产品伪装设计是产品设计体系下专门研究产品形态伪装意义的理论体系，其本质还是在研究伪装的认知心理。其基本方法是研究目标群体的心理认知模式，设定相应的感知心理。产品伪装设计的最终目的是将产品的弊端加以伪装，赋予新的设计元素，变弊端为优势，在伪装设计结束后使产品得到完善和升华。

在人类的心理认知模式中，人类对物体的心理认知依赖于以往的知识和经验，在视觉感官的直接作用下，对物体进行信息加工（判断）产生心理认知，使具有共识符号和图像特征的物体能够更加快捷地被认知。好比当人看到圆形物体时，会有和谐饱满的心理感受，这是基于以往对圆形认知的经验知识积累的结果。由于世界是丰富多彩的，人类的经验知识同样是丰富多样的，所以伪装设计的心理认知也必然会受到多样化的影响。因此，伪装设计需要在人类经验知识的基础上对多样化的心理认知进行汇总和再创造。每个人的人生经历、教育学识和生活环境是不同的，因此，伪装设计的心理认知是具有不同层段差异的。根据不同产品设计上的不同需要，对某些伪装设计需要具有深层次心理认知或浅层次心理认知，深层次的心理认知侧重其所要表达的内涵，浅层次心理认知侧重直观造型的影响。

例如，将书架设计成了弧状，上窄下宽，并配合曲度一致而自由的曲线造型，书架顶端采用了不封顶且参差不齐的造型方式^{（见图1.10）}，这种造型设计使消费者心里形成了一种动感，除了书架本身不同于传统栅格的设计造型外，还附加了向上延伸的动感效果。动感的产生来源是，当用户看到这款书架时，通过视觉传达到用户大脑后，大脑根据以往的认知，自动对这一信息产生了共

图1.10　借助于心理认知，运动时间维度伪装于造型

何为伪装

识叠加，并最终形成用户的心理认知。给用户在原有三维的基础上增添了一个运动时间的维度，这一维度便是借助于心理认知伪装于造型之中的一种设计方法。

根据伪装设计的分类可以得到伪装设计最基本的规律，即人工伪装不会凭空产生，一个新的设计形态离不开对自然形态的参考和借鉴，再融入一些新的内容。伪装设计能否表达设计者的构思和理念，关键是看有没有表达出其所要达到的心理认知。这主要取决于以下三个因素：

▶ 伪装设计的切入点和人类认知模式的相似性。

▶ 伪装设计表现形式的合理性。

▶ 伪装设计元素与新产品总体设计感觉的匹配性。

1.4.2 五识

与"五感"相应的"五识"分别为眼识、耳识、鼻识、舌识、身识。"五识"是伪装设计的着手点。

A. 眼识

眼睛具有看的功能，通过眼睛能够看到大自然中的不同事物。在普遍情况下，眼识是"五感"中最先感知事物的功能。通过视觉元素有规律的搭配组合，可以借助消费者的视觉刺激引发对耳识、鼻识、舌识、身识的联想和感知。例如，NOTE 的耳机包装^(见图1.11)巧妙地借用耳塞、耳机线和线控组成了音符形态，音符似乎在发出音乐。

设计者 John Brauer 将"Bin Bin"垃圾箱^(见图1.12)采用了折纸的造型元素，这款垃圾箱在五年内销售额超过了 10 万美元。揉皱的废纸一样的外形，消费者从第一眼看到它，就知道它是用来做什么的，这种设计将解释和说明伪装在了造型元素中。

B. 耳识

耳朵是传递声音的媒介，它有听的作用，能够辨识和区分不同的声音。听觉感官的特征常用在伪装设计中，借助技术及材料使产品本身或产品某一部分发出音乐或者奇特的声音来吸引消费者的注意^(见图1.13)。食品的包装在撕开时会产生一个声音，这种声音不是传统的材料粘合后撕开产生的声音，是通过处理加工后，做成了指定的声音，这个声音需要具有增进食欲的效果，这是典型的通过耳识元素来进行伪装设计的方式。

C. 鼻识

鼻子具有嗅觉，但它也只是具有嗅觉功能，区分不同气味。嗅觉体验是产品设计涉及比较少的领域，伪装设计将全新形式的嗅觉体

11 由眼识引发的伪装联想实现了产品与消费信息传递，这种"有声"觉元素伪装设计是两者交互回馈的有效手段。

12 外形如揉皱的废赋予"Bin Bin"极强现功能。

▲
图 1.13 通过耳识元素来进行伪装设计，通过声音增进食欲。

▲
图 1.14 切片面包式笔记本通过包装仿生造型带来味觉联想。

▲
图 1.15 "色彩鲜艳"系列座椅的软糖效果，通过材质肌理带来的触觉体验使消费者感受到产品的个性和品质。

验构筑在产品上，以激发产品的潜在价值。气味与产品的结合使视觉与嗅觉融为一体，进一步帮助消费者感知产品，加深受联想。例如，食品包装将食品的气味提取，以特殊的材料抹在食品的外包装上，在保证内装食品完好的同时，顾客还通过外包装感受到食品的美味。

D. 舌识

舌头具有味觉，同样它也只是具有味觉的功能，区分甜或咸等。自形态和人工形态有助于丰富伪装设计的造型语言。模仿各种们熟知的形态特征，利用形态特征还原其本身所代表的独特义，以独具亲和力的造型特征勾起消费者大脑中的味觉联想拉近与消费者的距离。

土耳其设计师 Burak Kaynak 与 Cem Has 设计的切片面包式笔记（Sliced Bread Notebook）（见图 1.14），将笔记本伪装成切片面的形态。为了方便使用，12 本切片笔记本被打包在一起，我们日常生活中常见的切片面包完全一致。除此之外，每一上分别印有从 1~12 的序列编号，设计师的目的是用户可以据一年 12 个月份，选择标有相应数字的笔记本来记录一年需要记录的事情。包装仿生造型带来了味觉联想，当看到这笔记本时，舌头不由得感受到面包的味道，这不是普通的优设计，而是借助于切片面包的形态特征使消费者产生了新鲜感，这是伪装起来的更深层次的情感享受。

E. 身识

身体具有触觉的功能。伪装设计需要通过利用材料和表面处理技术重构产品的触觉感受。伪装的触觉感受是由材料本身和表面理后的肌理直接影响的，通过对产品造型的表面肌理特征的接接触，激发消费者的生理和心理中对以往触觉记忆的联想产生消费者自身触觉的回味和体验。

"色彩鲜艳"（Glow）系列座椅的肌理给人一种软糖的效果（见图1.1设计师 Kim Markel 将旧眼镜、午餐托盘和饮料瓶组合在一起创造出了一种全新的设计材料。将混合之后的材料放入模具中并利用砂纸打磨、抛光、半透明化处理，打造出一个全新的计作品。这一系列作品包括椅子、桌子、挂在墙上的镜子、持镜子、花瓶。它们均给人以有机的、手工制作的感觉，鲜的颜色更是美不胜收。这一系列作品利用废旧材料制成，但在颜色上给人眼前一亮的感觉。设计师 Kim Markel 学习环公共政策出身，力求自己的作品能够起到保护环境的作用，

16 晶莹剔透的冰块里
诱人的鱼子酱，传递出
和纯净的感觉。

用回收塑料再处理后的肌理质感让消费者去感受材料再生后的效果。材质肌理带来的触觉体验能让消费者感受到产品的个性和品质。

包装视触觉感官体验是利用造型上的视觉效果模拟其材质肌理，使消费者在第一时间获得对产品的认知和识别，是通过视觉产生的建立在体验意义上的触觉共鸣。材料以其固有特性刺激人类感官系统并做出相应的反应。瑞士阿尔卑斯鱼子酱瓶子看起来就是一块晶莹剔透的冰块里包着诱人的鱼子酱（见图1.16），这种设计传递出一种新鲜和纯净的感觉，而对于鱼子酱这种食物来说，这两种感受是再合适不过了。此外，晶莹剔透的冰块似的肌理质感，也很能满足高端大气的精神享受，通过材质表现来传递产品的性格与情感——新鲜、纯净、品质。以写实传神的冰块视觉肌理效果引导消费者认识品牌故事及产品特性。消费者通过感知肌理的表面特征获取产品信息，包装强烈的视触觉因素设计能准确而有效地建立产品和消费者之间的识别和认同关系。

1.4.3 心理认知的感受方式

通过"五感"，人们具有几种不同的心理认知感受方式。

A. 量感

量感是通过视觉或触觉对物体的尺寸、体积、面积、重量、味道、密度等量态的直观感性认识。它与物理学中包含的相关领域有关，通过量感可对物体的规模、程度、速度等方面形成感觉。

B. 动感

动感是对物体的生命特征和运动状态的感受。

C. 空间感

空间感是人对于环境以及物体与环境的体验感觉，人对物体之间的远近、层次、穿插的心理、生理的轻松舒适感是空间感的主要表现之一。

相同的长宽，高度较高的空间能够给人带来更好的心理舒适性（见图1.17）。高度对于建筑空间的影响是非常明显的，当然高度不仅对建筑有作用，同样对于解决产品的设计难题也能够起到作用。

两厢车的车长尺寸受到严格限制，为了在有限的空间中提高用户的舒适度，车厢高度成为解决空间的唯一手段，设计师在参数合理范围内提高车厢高度，实际上乘员的平面距离没有任何扩大，但车顶的提高直接为用户心理带来了宽松感，缓解了两厢车空间狭窄的问题（见图1.18）。进入车内的用户会感觉到空间舒适，

▲
图 1.17　长宽相同、高度
较高的空间使人感到更加
舒适。

◀
图 1.18　提高车顶可以使
人感觉两厢车的空间变大。

直接联想到车的长度和宽度，实际上却是高度从中起到了I
地作用。

D. 色感、质感

色感是指物体的表面配色与组织结构给人产生的视觉联想和感
一般情况下。质感指物体的表面肌理给人产生的视觉联想
感受，质感通常是和颜色同时并存的表面心理效果，其形
心理的构成形式和颜色是一样的。肌理按感觉可分为视觉
理和触觉肌理，按形成可以分为天然肌理和人工肌理。

1.5　伪装设计的统一性

伪装设计需要同时满足消费者多样化的认知，在产品设计中需要注
并综合调整。由于人的认知受各种因素制约，不同人的经
兴趣、修养、教育、出身等特点直接影响着认知，也就是说
同的人在相同的条件下，对同一信息的认知情况往往不同。
如，对同一产品可能有着截然相反的认知，有人说是经典
有人说是普通的。

人们对产品的认知除了"五感"的不同而产生差异外，还受到人类
身的审美的影响。审美会影响到人对产品价值的重新定位，
属于人的主观认知范畴。审美具有客观性和主观性两方面。
美的客观性主要表现在它与使用价值的联系以及它的物理
性。使用价值体现着客观性与主观性之间的某种联系。产品
观性与主观性之间的关系是通过经济、实用、美观体现的。
今，随着社会的飞速发展和人们生活水平的提高以及新媒体
崛起，各大门户平台日新月异，人们不出门便可知天下事，
美随之而不断地实时更新，时尚的普及和更替的速度相较以
要快得多。

虽然人们的审美和前瞻预见性的捕捉难度加大，但由于社会的发展

人们长期参与社会实践的结果，对产品的认识上有相同之处，如变化统一、对称、平衡、节奏、韵律等美学规律一直被誉为一切艺术形式创作的审美原则。产品认知的共性问题是研究如何达到产品伪装设计的目的和方法。自然界的伪装形式有其形成的自然规律，通过自然的形态我们认识了它们形成的规律及对环境的适应性，是人们设计形态的源泉。而人工伪装是人为创造出来的，必须将伪装的各设计要素和审美有机完美地结合到一起，也就是既要符合工程的可行性，也要满足人的生活需求。人工伪装是设计师设计出来的，人工伪装的正确性和合理性需要以大量的生活体验、设计体验作为基础，从自然界和以往优秀的产品设计案例中学习。形态设计是伪装设计过程中的一个环节，将认知转化为现实形态是产品伪装设计的重要过程。它是以产品使用者的心理需求和生理需求为核心，以设计理念为指导，以创新为灵魂，全方位、多角度地解决产品设计的一种产品设计方法，满足使用者的心理需求与生理需求。设计的理念是与追求目标相协调的，设计理念主要指产品的审美与舒适性等。追求目标主要是指与产品相一致的功能、材料、市场等全方位的因素综合协调，这些因素往往会影响产品设计理念的实现，所以它们同样是伪装设计的要素，具体包括形态、功能、材料、结构因素及成本等经济因素。因此，产品伪装设计的四大设计要素可概括为人的因素、功能因素、技术因素、市场因素。

1.5.1 人的因素

人的因素是产品伪装设计四大设计要素中的核心要素。人的因素能够体现人文功能和人的心理需求，其他各要素的标准都以人为核心辅助配合。人是产品最终的服务对象，以人为中心是产品伪装设计的根本目的。产品伪装设计的建立，是高科技时代的产物，是产品设计和生产向着高级化、人格化和完善化方向发展的产物，使技术与艺术在科学的人性的基础上走向高度的统一。因而，产品伪装设计的任务就是研究人与产品之间的协调关系，通过对人与产品关系的各种因素的分析与研究，寻找最佳的人与产品的协调关系，为设计提供依据。研究伪装设计其实也是研究人的过程，人的因素中最重要的两个因素是审美因素和人体工程学因素。审美是在理性与感性、客观与主观上认识、理解、感知和评判世间事物的存在。当伪装设计呈现程度达到人的审美要求时，那么设计满足了

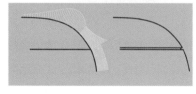

▲

图 1.19 通过虚拟连接距离，保证审美和工艺需要。

▲

图 1.20 空调的发展，体现了实用功能与审美需求的结合。

人的审美尺度。哲学家认为人同自然界的物质交换本质上是形式交换。产品伪装设计在一定意义上说是一种伪装形式活动。通过产品伪装设计的过程，不仅顺利生产了为人所□的产品，满足了产品自身的各种需要，也确保了人自身的□常使用。

随着人们审美能力的提高，曲面造型在很多产品造型中被大量运用但两部件衔接后不能保证曲面的原有顺畅程度，除非加大□具成本的投入。相反，通过加宽工艺缝、拉长两部件的距离从而有效地制造了虚拟连接距离。保证了视觉上的审美需求避免了两个部件接缝处的曲率衔接问题，同时降低了加工□本（见图 1.19）。

伪装设计服务于产品设计，目的是将产品设计进一步升华。伪装设计所服务的对象同样也不是抽象的或单纯生理学意义上的人而是特定社会、历史和文化中具体的人、生动的人。因此伪装设计的要素就必须要包含人的历史、人的文化等相关□素的度量。人文尺度确立的目的在于重建和发掘设计艺术□人文价值。

伪装设计需要理论性的理解和系统化的利用心理因素，心理因素包□了人与客观环境和社会环境的双重关系。研究人与外部环境□关系过程，合理地利用人机环境系统及其评估方法，通过以□的因素，即人体尺寸、人体力学、生理学以及心理学为基础□真正把心理学应用于伪装设计中。人的因素又分为生理因素□心理因素，生理因素主要指人体结构对物与环境的适应，心□因素包含着文化、审美、习俗、习惯、情感等因素和随机性□

1.5.2　功能因素

以人的使用为目的的要素就是功能要素。产品是供人使用的，消费□购买产品主要是购买其功能。作为伪装设计，应考虑如何更□地将伪装功能承载在产品上。为了达到用户的使用需求，一□功能需要进行伪装。伪装设计的功能因素可以分为多种表现□式，主要有伪装视觉功能和伪装使用功能。很多伪装设计的□思初衷都是基于伪装功能的考虑，或者说是产品的制造工艺□制了产品功能的配装问题。

空调是以窗式机的形式进入家庭，为千家万户解决了夏日因炎炎暑□而难以入睡的问题。随着生活条件的提高，人们的居住空间□益增大，窗式空调因元器件的体积要求和安装局限性走入了□计瓶颈，不能满足制冷需求。通过分体式的设计方法（见图 1.20

将空调的压缩机、冷凝器、毛细管三大部件分配于室外机中，室内机中主要放置蒸发器，从而大大缩小了室内机的体积，室外机扩大了空调各元件的存储空间，空调可以满足更大功率制冷的扩展性。产品的实际体积上没有发生变化，只是将原有产品一分为二，将尽量多的部分放到用户使用空间以外，将产品体现功能部分的体积尽量缩小，尽量不损耗用户的使用空间。通过这一方法解决了制冷需求与美观性的矛盾问题。从满足使用功能开始，进而在不破坏基本结构功能的条件下，对结构件进行大小、长短、粗细及配置方式的重新排列组合，使其满足人的生理舒适和心理愉悦的目的。

功能因素对产品最终形态的影响同样具有决定性作用，合理的使用功能因素也同样是达到伪装设计目的的途径之一。

2016 年全球宠物现状分析及市场规模预测数据表明，在强大的经济增长背后，全球宠物市场也出现了空前的繁荣，宠物可以给家庭带来很多欢乐，伴随而来的，主人需要精心地喂养宠物，主人们要定时为宠物洗澡，以保持宠物的卫生状况。对于人来说，洗澡可排解压力，是很享受的过程，然而对于宠物则完全不同，因为水对于宠物来说有两层意义：一是生命之源，所有生物每天需要摄取一定量的水分；二是危险，大部分哺乳类动物在水中无法呼吸，那么水意味着危险。宠物经常因为水打湿了它们的毛发，喷头喷射出水柱的突然性而抗拒洗澡。根据调查显示，大部分的小型哺乳类宠物对喷头有强烈的抵触感。对于主人来说，一只手要拿着淋浴头，另一只手还要时刻安抚宠物，让它们安静地享受，但主人不能二者兼顾，时常手忙脚乱，因此，给宠物洗澡对主人来讲也同样成了麻烦的事情，使本来可以享受和加深感情的环节，演变成了矛盾的产生环节。

戴在手上的喷头^{（见图 1.21）}将淋浴头隐藏在手套中央，通过按压手掌中间区域控制出水，只需几个手指按压即可。出水口排列在中间，四周则是凸出的梳齿。使用它给宠物洗澡可减轻不少负担，主人单手就可以完成控制出水和给宠物梳毛的任务。

人们都会在家中或公司养一些绿植，但经常没有时间去照顾植物，植物会因为缺水或多浇水而死亡。一款名为 Natural Balance 的花盆^{（见图 1.22）}则巧妙地解决了这个问题。这款花盆的主体构思是花盆可以自动为植物进行浇灌。花盆的自动浇灌结构没有暴露在外面，而是隐藏于花盆的内部，外观上和普通花盆相差不大，没有储水容器，这也正是此款花盆的独特之处。整个花盆

21 带有淋浴头的手
既可以喷水，又可以安
物。

▲
图 1.22 设有自动浇灌结构
的 Natural Balance 花盆。

造型取材于水桶造型，呈圆柱形态，花盆底端被设计成了催
状，花盆口的一侧设有一个壶嘴和木塞。其实它的名字就看
了它的功能，Balance 译成中文为平衡之意，而它的内部绪
也采取了平衡的设计，花盆带有壶嘴的一侧用来储水，可以
存 700ml 的水，而另一侧的植物可以通过内置的渗透隔断
吸取水分，一旦水分不足，它便会因为失衡而出现倾斜的状
当你看到花盆不断晃动的时候就知道该为其补水了。计时提
醒功能被伪装在了花盆造型中，让用户更加明显地进行观
花盆的设计更像是戏法一般，蕴含着深层次的精神享受，给
户带来更多的价值感受，用户不仅能够体会到花盆本身的价
还能够感受到花盆的设计水平，当被亲朋好友问及使用缘由
潜在价值会得到升华，这种潜在价值是直观价值的升华。仓
起来的设计可以激发产品中的潜在价值。

1.5.3　技术因素

技术因素主要指材料、结构及加工技术、表面处理技术、电工电子
术等。对于产品伪装设计而言，技术因素是重要的基础要
产品伪装设计也是以物质为表现，用材料和结构来表达功能
审美的造物活动。先进的技术可以为产品伪装设计提供更多
设计条件，使更多的伪装设计形式能够被实现出来。没有技
因素的支撑，所有设计构想也只能停留在概念阶段。产品伪
设计更是要注重是否合理应用，即使用什么样的材料才能更
地表达出形态的机能及其承载的象征意义，其相应的成型方
是否符合概念目的要求等。

表面处理工艺的进步为产品伪装带来了一大途径。除了重量以外，
料电镀与金属电镀从视觉和触觉上无差异，从外观视觉上起
到任何影响效果。从功能上来说，外层同样是电镀层，功能
果是相同的。塑料电镀替代原有的金属材料，可以起到节省
本和提高工作效率的作用，根据不同的设计要求，很多电镀
中的塑料也采用了回料，这便更进一步节省了成本。ABS
镀后呈现了不同的效果（见图 1.23）。

▼
图 1.23　在塑料件上进行电
镀，实现了伪装设计目的，
成功地"欺骗"了消费者的
视觉认知。

其实，当今市场上的许多产品，无论是家用产品还是工业设备，都
设计中利用技术因素。技术因素是产品伪装设计的一个典范
法，设计师只要通过先进的加工技术手段，就能变换出具有
种不同伪装功能和不同伪装形态的伪装设计形式。由此可见
材料、结构等技术因素在伪装设计中具有很高的价值。

其实，产品设计本身是一个结构材料技术问题，产品设计中的伪

计更能够利用技术因素，其功能价值是显而易见的。设计出来的产品也必将具有成本低，材料省，以及加工、储存、运输方便等优点。从而达到快速生产，并提高产品的适应性与市场竞争力的设计目的。

1.5.4 市场因素

伪装设计的目标是要成为更好的商品，然后进入市场。市场是统一性的代表，市场因素也是基于这一特征。一般来讲，产品在市场中的成功代表着该产品对人的需求进行了充分考虑，是造型美观和功能完善的结果。市场因素中包括了产品的制造成本及销售策略等方面，这些因素都关系着伪装设计的理念方向。

伪装设计的产品较传统产品而言，多了一层深度和内涵。市场因素包括了市场各种状况对产品设计和销售所产生的影响。它主要包括以下内容：产品所处的商业周期、产品所处的市场季节、同类产品的市场状态、产品市场的供需关系和产品的客户状况。凡是与市场有关的各种因素都会对产品伪装设计产生重要的影响。不同的消费人群因其审美方向、消费观念的不同，对于产品的需求也不尽相同。伪装设计应制定适当的市场定位，以满足更多消费者的需求。伪装设计要完成自己的伪装目标，而又面临着市场因素的强大压力时，就有必要采取一定的伪装策略，加强伪装力度，达到既定目标。伪装设计需从创建初期就站在大多数消费者的立场上，致力于设计生产出更加精美耐用和价格适中的产品，以满足大众的消费需求。消费者能从伪装设计中看出朴实无华的本质，新颖现代而不追赶时髦，处处都流露着的文化气息。伪装设计多参考并采用市场的流行颜色，能够唤醒与市场潮流的共鸣。伪装设计在进入市场的时候，把目光投向了市场中的主导阶层。伪装设计所蕴含和表现出来的风格，使其产品体现出极强的差异化概念，使得产品更加为广大消费者所接收，产品能够抓住消费者追求时尚、崇尚情调的心理，以其独特的设计风格在市场上站稳脚跟。

大量的商家会把产品以半成品的方式进行销售，这种形式已经成为现今的一大主流趋势，消费者买回家后，需要自行组装。消费者中尤其是年轻群体，已经接受了这种方式，并很热衷于组装产品，产品经由消费者自己组装完成，给消费者带来一种荣誉感^{（见图 1.24）}。这些是表面上的效果，实际上，商家通过这种方式，节省了至少一道以上的安装环节和检验环节，由于是半成品，产品更容易进行合理包装，体积可以被压缩得

.24 半成品既便于包装
运输，消费者也可以在组
的过程中获得成就感。

更小，在有限的空间内可以存放更多的产品，这就降低了
输本成本，当然售价也因为成本的降低而降低。从整个过程来
原本最初应该以完整的状态出现的产品被"减配"后，消
者并没有反感这个现象，反而使得很多消费者愿意加入其
这一隐藏的成本调配，对产品本身反而起到了促进作用。

1.6 伪装设计的感性化

▲
图 1.25 iPad 辅助键盘被伪
装成原始打字机，激发消费
者的怀旧情结。

人类之间是通过语言来实现互相之间的交流的，人与物之间的交流
通过物的功能及造型来传达的。在伪装设计方式加入产品中
同时，势必会创造或影响产品的造型或功能，可以表现出种
的设计风格，使伪装设计的产品拥有一定的设计特征。这种
带关系也成为伪装设计需要考虑的范畴。消费者在使用产品
过程中，会得到种种的产品信息，引起不同的情感反馈，伪
设计能够使产品在外观、肌理等对人的感觉产生一种新的体
或使产品具有了"生命感"。这种"生命感"表现出产品的
征性，主要体现在产品本身的档次、性质及趣味性等方面，
高产品的个性化和艺术化的特点。

伪装设计包括了个性化和艺术化两大特点。伪装设计的个性化是指
装设计具有独特的气质和特点，是人格化的表现，即伪装设
后的产品像有生命力的人一样，具有自己独特、鲜明的个
伪装设计的艺术化表现在设计过程中注意伪装造型元素与使
环境之间的关系、伪装造型元素与情感表达的关系，要求伪
设计具有艺术雕塑般优美的形式，并能表现某种意境，与消
者在情感上产生共鸣。伪装设计的艺术个性化发展趋势符合
质生活日益丰富后人们对产品差异化的需求以及对精神生活
足的追求；同时，也是各个商家使自己的产品区别于竞争对
的产品，实现销售认同，从而占领市场的有效手段，提高产
品位和价值，帮助企业树立良好的品牌形象和企业形象。

周边产品对于产品本身也起到销售的促进作用。iPad 辅助键盘被
装设计成原始打字机的形态^{（见图 1.25）}。针式打字机产生于 18
年，自从 20 世纪 80 年代中期电脑开始普及，逐渐替代手
打字机。处于不同年代的消费者对于打字机有共同的回忆，
够在消费者中引起共鸣。采用这一经典元素对辅助键盘进行
装设计恰如其分。

创新大胆的造型，鲜艳夺目的配色，敢于运用高科技技术和新型材

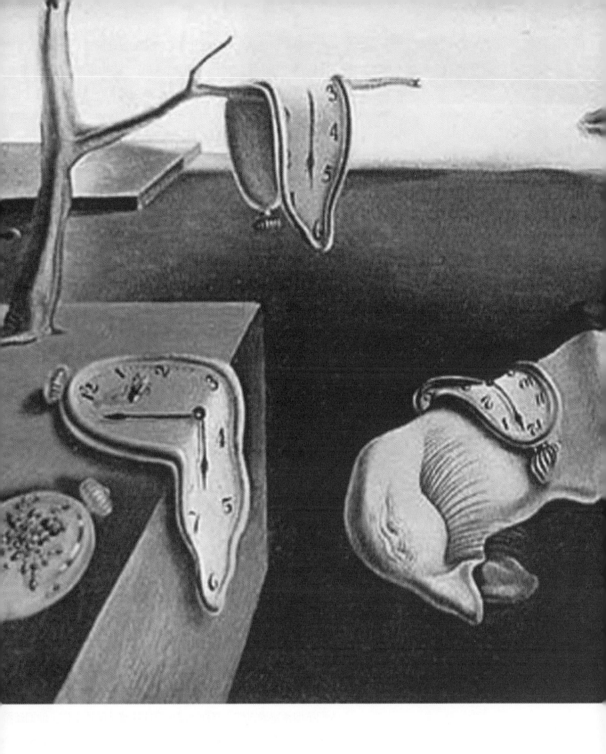

26 达利的《记忆的
》。

▲
图 1.27 钟表采用了《记忆的永恒》中的"时钟"形态。

是实现伪装设计个性化和艺术化的设计形式。从研究使用者生活方式入手，充分利用现代人机工程学和伪装设计的形式，学地增加产品中的感性因素，从生理、心理两方面更好地满使用者的需求，往往提供了更为理想的生活方式和生活环感性化的伪装设计具有良好的视觉美感和亲和力，大大提高产品的附加值；此外，还是消费者个性和身份的体现，具有神象征的作用。在伪装设计中，设计的产品不仅要功能明矿材料合理，而且伪装设计要有如自然界生物的内在生命之神音这就要求通过研究并理解有机物和无机物的伪装特征与其生循环过程（即孕育、出生、成长、死亡、再生、转化）及生环境之间的关系，掌握创造富有生命力的物体的方法，创造富有动感、张力、生长感的伪装设计。

达利的《记忆的永恒》是一幅经典的代表作品 [见图1.26]，将其中重代表元素"时钟"具象化到现实中的钟表设计 [见图1.27]，采了已有的共识元素对产品进行伪装设计，将油画作品的共识接伪装转移到了产品上。

1.7　伪装设计定位

过去几十年里，消费者对更加优秀的产品的需求在不断增加。20纪 80 年代到 90 年代初期，在世界范围内公司普遍以完善品质量、提高技术水平和追赶设计潮流作为产品开发和改进动力与起点。然而，从 21 世纪开始，产品开发的出发点和心由开发工作后期的质量、技术管理等具体问题转移到了开工作的前期。现在，明确理想的产品概念并得以把这一概念向市场所需要的时间和过程越来越长。虽然技术革新和研发本仍然是开发成功产品不可缺乏的部分，然而如果产品不能消费者所关心的价值产生联系，产品便会失败。

人们不但希望通过使用某种产品来完成或改善某项工作，他们还希产品能够丰富，增进其生活体验，并且把这种体验联系到个的某种梦想。无论是驾驶多功能运动车时所体会的刺激和安感、烹饪时所感受的舒适和高效率、在咖啡馆里所享受的放和逃避现实，还是在使用对讲机时所感受的独立与兴奋，成的产品都能实现或满足一种更高级的感情价值。过去那种"式服从于功能"的思想已经不适用了，新时期取而代之的是用各种设计元素共同实现目标。

通过分析产品的价值影响，能成功地表达某些关键问题，通过这些价
值把产品和消费者联系起来，从而找到设计的切入点。几乎所
有产品的设计定位、最佳位置通常位于造型和技术的交集上。
造型和技术完美结合的交集，也是公司在竞争中抢占先机、脱
颖而出所必须占领的位置。前面所提到的伪装设计也都位于这
一象限上。

2

伪装设计的
思维基础和
美学基础
040…045

伪装设计同样是产品设计中的创新性活动，但设计过程并不是"天马行空"的。世界上的万事万物所呈现出的信息成为伪装设计构思的思维基础。这些信息不是一朝一夕总结出来的，而是设计师在长期的生活体验和设计经历中积累起来的。能够合理且熟练掌握伪装设计的设计师应该是一名对身边的各种伪装具有好奇心的观察者。例如，当其面对一个产品设计方案时，他会思考"利用什么造型达到伪装设计效果""运用什么样的功能达到伪装""伪装能否解决当前的产品设计问题""当前遇到的产品设计问题可不可以通过伪装设计解决""找到的方法是否是最好的伪装设计方法"等众多疑问，从而促使产品设计中伪装设计的成功运用。此外，伪装设计在生理和心理上首先要满足使用者对美的追求，所以伪装设计离不开形式美学法则的基本指导作用。设计师在具体设计当中，要很灵活地把握人类审美法则。从诸多的经典设计方案中可以总结出来一些设计规律，这些规律性的方法是作为设计师需要注重的，它们是伪装设计很好的基石。

2.1 伪装设计的思维机制

2.1.1 思维的基础

对于一个特定的设计课题而言，设计师只有积累了足够的相关信息，设计时才能展现出创造性的伪装设计。这就引发了一个创造性思维的问题，其实在伪装设计中存在着一个普遍性的问题——如何提高设计师的创造力和伪装设计综合设计水平？实际上，产品设计师也总希望有"点石成金"的设计大师能告诉他神秘的设计秘诀。

时间对于人来说是无比重要的。"一寸光阴一寸金，寸金难买寸光阴"是中国流传至今的谚语，讲的是时间的宝贵性，每一时每一刻都是需要珍惜的。ETCH 表的表面是一层弹性表皮，通过外膜的凹凸，数字的时间会转化成立体形态显示出来，而当这一刻过去，外膜又会恢复成平面，就像一张什么都没发生过的画布^{（见图2.1）}。其铝制外框极薄，整体尺寸是 40cm×40cm，重量接近 6kg。这款表既可以悬挂，也可以摆放在桌面上。连上手机的 APP，用户还可以选择两种方式来显示时间：一种是每 30 秒显示一次时间；另一种也是每 30 秒显示一次，但同时旁边还要有声响的时候，才会显示时间

这款 ETCH 表用一种独特的伪装方式来让用户真正地感受到每刻时间的重要性，当显示的时间消失以后，便再也不会存在，激励用户过好生活中的每一分钟，它还有个别称叫作 CARPE DIEM 表。CARPE DIEM 在拉丁语中是"抓住今天，享受此刻"的意思。

伪装设计是建立在相关综合因素的基础之上的，伪装设计思维的实质是选择、突破和重建。也就是说，只有拥有大量的关于伪装的资料信息，才可能进行伪装的选择、突破与重建。伪装设计重于长期积淀，包括从人懂事以来的各种阅历及知识积累。产品设计中常常遇到的其实是一些不可能依靠简单提取已有知识去解决的实际问题，只能根据具体情境，以原有的知识为基础，建构用于指导解决问题的方法。而且，这些方法往往不是单以某一个概念、原理为基础，而是要通过多个概念、原理以及大量的经验的共同作用而实现。所以，伪装设计不同于纯粹的科学技术问题，伪装设计创意需要多观察人，观察自然，思考和积累你感兴趣的伪装信息，同时要善于利用伪装设计的方式解决生活中存在的问题，勤奋钻研，这样才可能具备伪装设计的基础条件。

自然伪装和人工伪装为伪装设计提供了巨大的信息参考库。如果设计师对各种自然伪装和人工伪装的功能、形态、结构、材料等不感兴趣，那么大脑中存储的有关伪装的形态和结构的信息量将是很少的，在进行伪装设计时的信息量也会比较缺乏。

由于伪装设计受到功能、形态、结构、材料等因素的制约，所以伪装设计可以只从产品形状本身入手，也可以从材料及成型入手或者从结构创新入手等，但良好的产品造型是工业设计最基本的要求，没有良好的产品造型视觉冲击力就不会有良好的反馈结果。可以肯定，良好的造型是设计师最根本的能力要求，这一点是极为可贵的，绝不能由于产品制约因素众多而忽视对造型的要求和大胆的创造，伪装设计能够在造型与众多因素难以协调时起到决定性的作用。伪装设计能力将会升华未来产品设计师的能力。

2.1.2　思维的展开

伪装设计的基础是用户，目的在通过伪装设计形式解决产品设计中存在的现实问题或对既定的功能结构进行伪装化造型设计等，所以设计的过程其实就是：以用户为中心，发现问题，确定伪装设计目标，观察问题，分析问题，解决问题。

其中发现问题最为重要，可以从以下方面着手：

▶ 对伪装设计来讲，主要是根据产品设计的要求，寻找可利用伪装作为创新核心的设计方向。

▶ 从造型和功能的矛盾点中找到问题，解决实际设计困难。

▶ 从分析现有产品的缺点入手。

产品的社会需求往往是一个宽泛的概念，通过市场调查或组织研讨能得到一个大体的研发目标。无论是新产品的开发还是老产品的革新，很难一次就得到非常合理而具体的解决方案。这就要设计者拥有大量而有价值的初步构思方案供选择和重组。

装设计不同于一般的数学演算和逻辑推理，它研究的是如何用伪装的方式改变传统的人类感官，其成果是通过伪装设计产品设计的质量得到升华，使产品的造型、功能、材料、结等因素之间达到最大的协调，因此，仅仅凭借正常的产品设过程是远远不够的，需要设计师仔细思考和揣摩。在产品设构思阶段，寻找现有产品存在的问题和不足，在此基础上要考和揣摩可以立足于伪装设计中的某些概念，这些概念可能基于使用方式或直接是基于结构的、材料的、形态的，等等

将钟表以往巨大的表盘去掉而只剩下表针，你是否还能够读懂时间

TIME LINE 就是这样一个将传统钟表精简得只剩下时针的概念设计产品^{（见图2.2）}，无论使用者将它随手吸附在哪里，它都通过内置的 GPS 时间系统自动定位和校正时间，然后自行转。该产品本身就是一个醒目的黑色时针而中间绿色的 LE指示灯用来提示分针的指向位置，时间刻度完全不存在现实空间里而在我们的脑子里，这款非常让人惊喜的创意产品向们展现了未来智能家居和数字家庭的巨大魅力。

▲
图 2.2 极简的 TIME LINE
展现了智能家居的魅力。

2.2　审美对伪装设计的指导作用

2.2.1　伪装设计的审美多元性

从形式上说，审美是多元性的。这种多元性不是指它的要素多元，是指它是多种美的形态综合的产物。严格来说，审美包含了术美、自然美、社会美、科学美、技术美。因为它自身包含诸多方面，与其说它是美的总称，不如说它是美的现实性的在，所以审美是诸种美的综合体。审美具有多元性的根本原在于：审美样式的丰富性和主体审美需求的复杂性。主体审需求具有多层次性，既有较低的生存本能需求，又有更高的

神需求，如社会交往、尊重、友爱、自我实现等的需求。可以说，审美主体既是物质主体，又是精神主体。这二者的关系既矛盾又统一。

2.2.2 伪装设计的审美社会性

就审美的范围而言，设计美是大众、公共的产物，这是审美的第二个性质。从历史上看，大工业化的产品设计就是在对抗所谓"精英文化"和"贵族设计"的过程中而产生的。同时，设计与社会各阶层、各类型的消费者相联系，审美能造成正面或负面的社会效应，这些都促使审美趋向大众化。

审美的社会性最突出的表现就是设计美感具有普遍性。审美既是个体的、主观的，又具有普遍有效性、客观性。应该说，审美的普遍性存在于任何一种美的门类中。但是在设计中，审美的普遍性不仅特别突出，而且设计师的目的之一就是有意识地去创造出审美。

审美是人们在自然的长期劳动进化过程中形成的，是对物象比例尺寸的共同评价标准，其在本质上是一种理性美。审美在于各部分的和谐秩序，并且纯粹理智能够把握它。

3

伪装设计目标
046…057

3.1 统一与变化目标

3.1.1 统一与变化

统一与变化的目标是伪装设计的基本目标之一。伪装设计是通过视□元素的构成形式反映出来的，点、线、面、体、材质、颜色□基本的视觉形态元素。统一是指同一个或同一类伪装要素在□一个物体中多次出现，或在同一个物体中不同的要素趋向安□在某个要素之中，统一的作用是使造型或功能有条理，趋于□致，有宁静、安定感。统一可以解决产品造型或功能中的□杂和散等问题。以往的汽车发动机组以功能为唯一基点，□设计围绕着发动机的功能出发，各个部件和总成排列在汽车□部或后部的发动机盖下，杂乱而没有条理，与汽车外形格格□入。为了和车身保持统一性，发动机的上面加装上了发动机□饰盖，一个简单的发动机装饰盖把一直以来汽车杂乱无章的□动机内部变得赏心悦目，用户在打开发动机盖的时候，可以□分感受到发动机带来的视觉享受^{（见图3.1）}。

变化则是指在同一物体或环境中，要素与要素之间存在着的差异□或在同一物体或环境中，相同要素以一种变异的方法使之产□视觉上的差异感受。变化是刺激的源泉，能在乏味呆滞中重□唤起活泼、新鲜的兴味。变化可以增加形态的生动性和情趣□是形态各元素的一种重要组织方式。变化通过部分与部分间□差异性在视觉心理中产生不间断的相互转化，形成具有节奏□的视觉流动性。但是变化的应用存在一个度的问题。过度的□化会让形态陷入杂乱无章，而失去整体美使人精神上感觉烦□不安，陷于疲乏。换句话说，变化是建立在相当的秩序关系□上的，丰富的变化需要统一来协调。

▼
图 3.1 发动机装饰盖去除
了发动机内部的杂乱无章。

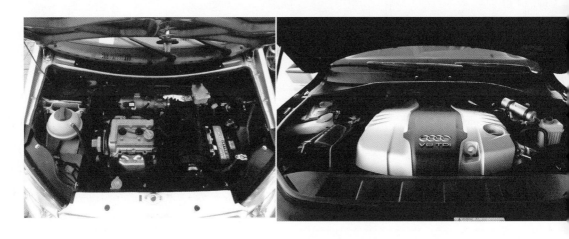

统一的原则可以通过两种方法得到。一种方法通过强调产品的某一伪装特征或局部的某一伪装特征，而从整体上反映出明显的主次对比关系。例如，某一材质或颜色基调在整体能够占据主体地位统领全局，其他部分处于次要地位。另一种方法是采用近似的方法，使某种相似特征反复出现，同样能够得到统一的原则。

3.1.2 统一与变化目标实现的方法

统一与变化主要是通过调节视觉形态元素（点、线、面、块体、材质、颜色等）的变化因素来实现的。基本形状相差无几，但通过伪装元素的统一和变化处理可使其呈现不同的视觉效果。其中视觉伪装元素的规律重复出现越多，统一的视觉感觉越强烈；反之，视觉伪装元素若是无规律的，变化的视觉感觉越突出。

A. 点的伪装变化因素

点的伪装变化因素包括大小、形状、排列、疏密对比等。

鞋子上两个夸张的大扣子将整双鞋子的设计水平拔高了很多，用户的目光被动地聚焦到了这四个大点上。鞋子本身在设计上没有太多创新，这四个点将其劣势伪装了起来^{（见图 3.2）}。由此可见，点元素的作用尤其重要。

B. 线的伪装变化因素

线的伪装变化因素包括直与曲、长与短、粗与细、疏与密等。

张扬的线形组合将原本大面积呆板的平面伪装成了丰富的形态^{（见图 3.3）}，这既解决了大平面的问题，又提升了设计质量。

C. 面的伪装变化因素

面的伪装变化因素包括曲直、大小、形状、排列等。

将多把不同型号的刀具拼装在一起，看似是一个强调简洁的设计，实际上在收纳刀具的时候用户必须使用双手才可以把刀具很好地收放回去，这样便很好地保护了用户不会因为懒惰大意而造成不必要的划伤^{（见图 3.4）}。设计师将这一功能恰当地通过面的形式伪装了起来。

D. 颜色的伪装变化因素

颜色的伪装变化因素包括色相、明度、纯度、冷暖等的调和与对比。

产品主颜色为重颜色黑色，局部采用了纯度较高的颜色进行搭配，提升了产品视觉上的颜色对比效果^{（见图 3.5）}。颜色的伪装设计使得原本沉闷的产品焕然一新。

E. 块体及空间的伪装变化因素

块体及空间的伪装变化因素包括大小、形状、配置排列、空间限定等的调和与对比。

▲
图 3.5 颜色的伪装。

▲
图 3.6 空间的伪装。

▲
图 3.7 材质的伪装。

▲
图 3.8 虚实的伪装。

与普通的编织地毯不同，立体地毯是用一个个地毯小单元在基板拼合而成，有着高度上的差异，看着就像是层层叠叠的山峦一样，非常漂亮（见图 3.6）。而且，考虑到是用泡沫之类柔软而有弹性的材料做成，踩上去的感觉应该会很舒服，就像是被按摩一样。这个设计通过多个点伪装组合成了一个统一的丰富而生动的立体整体。

F. 材质的伪装变化因素

材质的伪装变化因素包括材相、软硬感、粗糙度、透明度等的调和与对比。

透明材料将划艇隐藏了起来，用户可以观察到船下的情况，方便了观赏景象和排除险情（见图 3.7）。

G. 虚实关系的伪装变化因素

虚实关系的伪装变化因素包括清晰与模糊、精细与粗犷的调和与对比。

人类已经对表的时刻形成了很深的印象，但有时表在墙上会影响我们的注意力。例如，将表盘上面的时刻仅仅设计成了一条浅浅的凹槽，表针也设计成了白色，刻度和表针已经成了很模糊的效果，整个表不会影响用户的视线，真正地成为了墙面的一部分（见图 3.8）。这种模糊方式起到了重要的伪装作用。

在伪装设计过程中，究竟是统一多一点还是变化多一点，是统一中求变化还是变化中求统一，这要看作品表达的主题内容和使用环境，要根据具体情况对待。在一般伪装设计中，通常是先求统一，再在统一中求变化。统一与变化调整的原理就是对视觉伪装元素及伪装元素的因素进行数量及关系的改变。

3.2 对称与平衡目标

我们生活的世界是自然和人工共同创造成的。我们发现自然界的许多事物都是对称的，不论在宏观的宇宙间还是在微观的粒子间，也不论是在无机世界还是有机生物界。人工物在许多情况下以对称为宜，这主要是因为人的意识来自于自然，一方面以自然作为审美原则，另一方面人工物的自身结构和工作环境受制于自然因素的约束。所以，人工物与自然物在许多形式上是相通的，而且在普遍心理感受下，对称总给人以心理愉悦，充满哲理和逻辑。对称与平衡是表现产品设计的常用手法之一，大多数情况下，尤其是在产品设计领域中，由于受到很多客

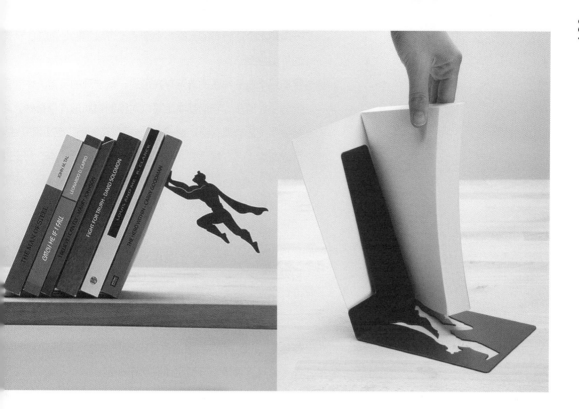

3.9 "埋伏"在书里的
2。

因素的影响，无法做到真正意义上的完全对称与完全平衡，只能是具有变化的统一关系，但这种变化会影响到人的视觉感受，从而影响了产品的最终效果。伪装设计的对称目的就是增强视觉的稳定性。利用形状、颜色、明暗、肌理、大小、方向、位置等伪装因素达到产品高度统一的结果。伪装设计的平衡也是为了表现形态的视觉感受，它通过对产品整体形状、颜色、明暗、肌理、大小、方向、位置等因素进行具有变化的配置，强调各个构成元素间相互作用的视觉张力和比重的均衡性，在不同之中寻求统一，进而使整体视觉效果达到平衡状态。平衡形式在视觉上使人感到一种内在的有秩序的美，它比对称形式更富有变化，更具有深奥的艺术效果，是产品造型中广泛采用的造型形式之一。对称与平衡在实际的设计中往往会同时使用。

这是一个暗藏玄机且聪明机智的创意书架（见图3.9），虽然看不到书架却可以明显看到那个悬浮在半空之中的超人，让人百思不得其解。实际上这款创意书架已经"埋伏"在了书的里边，那个超人模样的铁片则是通过磁性与书架主体部分"惺惺相吸"。无论是横着用还是竖着用超人都能够摆出炫酷的造型——绝对帅呆了的飞行模式。超人从视觉上起到了平衡的作用，如果没有超人作为平衡视觉的配重，书将呈现出侧向倒塌状，从精神上会给人一种紧张感。当然这里有《超人》电影的影响因素，超人这

一角色本身所特有的天赋，也增添了可以阻挡住倒塌的精神
的平衡感受。

对称与平衡是宇宙的物质的普遍存在形式，从宏观的宇宙天体到微
的分子、原子，它们基本上是以对称的物质形式存在的。对
与平衡使形态具有稳定感。对称与平衡在制造工艺上利于生产
可以减少工艺，易于装配和标准化；可以降低成本，利于批
化生产。此外，对称与平衡能够保证视觉重心的稳定，避免
生不安定之感。利用颜色、材质对形态统一分割处理能达到
衡与稳定感。

我们的物理世界在总体上看来是非常对称的。对称的现象普遍存在
自然界的事物中，事物运动变化的规律左右对称也是人们的
遍认识。在物理学中，对称性具有更为深刻的含义，指的是
理规律在某种变换下的不变性。在相当长的一段时间内，物
学家们相信，所有自然规律在这样的镜像反演下都保持不
不变性原理通常与守恒定律联系在一起。

需要指出的是，非对称构图在设计中也很需要，对称与非对称的美
是相对的，或者有不同的审美心理效果。对称是一种稳定
温和的、端庄的美，而非对称却是一种动态的、变化的美。
产品造型设计中有些产品由于自身特定的功能和使用方式，
得不采用非对称方式。

3.3 比例与尺度目标

伪装设计的比例与尺度要素与产品设计的形成有着十分直接的关
比例与尺度的规律是产品设计的基础。比例关系的应用对于
造产品的统一感有极其重要的作用。伪装设计的比例目标主
是以人们普遍的欣赏习惯和审美爱好为标准的，当然在具体
计时要结合功能技术、材料结构的要求。

比例指形体自身各部分的大小、长短、高低在度量上的比较关系，
般不涉及具体量值。以数理逻辑为基础的比例分割关系会直
影响形态的整体视觉感觉，甚至是产品结构。因此，在设计
要对比例的选择进行认真的考虑。实践中运用最多的是黄金
割比例，此外还有等分比例、均方根比例、整数比例、相加
数比例、人体横度比例等。人体具有造型设计中广泛使用的
种比例关系，以人全模度作为造型设计中比例设计的原始依
可以得到人与造型物之间更加和谐的关系。这些数值之间不

包含着中间值比率的制约关系，而且基本上符合人体活动区间的各种尺度，能达到人机关系的融洽如一。因此，模数理论是一种有实用价值的形体比例设计模式。

伪装设计的尺度目标是指产品与人使用要求之间的尺寸关系。尺度是由人对形体进行相应的衡量。不仅是对形体的绝对大小，还包括所有组成部分的划分、模数、表面处理和颜色，是形体及其局部的大小同它本身用途相适应的程度，以及其大小与周围环境特点相适应的程度。同样体积的形态，水平分割多的显高，感觉比实际尺寸大；水平分割少的显低，感觉比实际尺寸小，但尺度相当大。巨大的形体若按玩具特有的比例和分割方法处理，不大的形体若按大型构件的分割方法处理，则由于体积和用途、习惯不适合，造成无尺度感。无尺度感就令人觉得不合理、不舒适，也无美感可言，在现代工业产品造型设计中，尺度主要指产品尺寸与人体尺寸之间的协调关系。

比例与尺度相辅相成，良好的比例以尺度为基础，正确的尺度感也往往以各部分的比例关系显示出来。

3.4 节奏与韵律目标

节奏与韵律是音乐术语。节奏是指音乐中音响节拍轻重缓急有规律地变化和重复；韵律是在节奏的基础上的整体有规律地起伏变化，它赋予音乐一定的情感颜色。前者着重运动过程中的形态变化，后者是神韵变化给人以情趣和精神上的满足。

在造型艺术中，节奏指一些视觉元素的有规律地反复、交替或排列，使人在视觉上感受到动态的连续性，引起观察者的视觉感知变化，进而引起心理感情活动，产生节奏感。

节奏是韵律形式的纯化，韵律是节奏形式的深化，节奏寓于理性，而韵律则寓于感性。韵律不是简单的重复，它是有一定变化的互相交替，是情调在节奏中的融合，能在整体中产生不寻常的美感。例如，在产品造型设计过程中，对于一组按钮的外形，如果我们不加以变化，它们将完全相同，这将会使得整体形态产生单调、呆板的感觉。于是我们根据其不同的功能区分对形态进行适当的变化，这样就有了节奏的变化。

3.5 形态的组织与重心目标

现代的视觉心理学认为：所谓"形"是一种具有高度组织水平的知觉整体。这些"形"都是我们的知觉进行了积极组织或建构的果。我们所设计的形态是一个由各种元素有机结合的整体，这个整体的视觉效果不是各个部分的视觉效果简单相加所能到的。这里就涉及各个部分、各种元素的组织问题。

在形态的组织过程中，将各种造型元素依据整体的造型需求加以归纳寻求各种元素、各个部分间的内在联系，在杂乱无章的状态创造出新的秩序，使之成为统一的整体。这个过程可以分解具有相同步骤与特点的若干层次。每一部分需要这样的组织已形成组织的各个局部又要参与整体的组织。

产品组织形式要注意各个视角的造型的连续性和变化性，同时根据品的功能和使用环境还要注意视觉重心的上提（轻盈感）或降（稳定感）。在造型设计中主要指的不是实际的物理重心而是视觉的重心。在很多情况下，物理重心的调整较为复杂可行性较差。通过颜色的深浅和外部造型来处理视觉重心就失为一种行之有效的捷径，还可以通过不同的构图方式对主物的重心产生上升和下降的视觉调整。通过附加形的调节作可以大大改变视觉重心的位置，从而可以根据需要得到稳定轻巧的视觉效果。

3.6 时效性与创新美

人的审美心理中有一种求变的心理，大多数人总有一种感受异样事的本性，"喜新厌旧"是人的消费特点，也正是这个特点才动了技术的进步和市场的繁荣。这就导致产品设计始终处于种动态的变化之中，使伪装设计具有强烈的时效性。时效性生的原因是人们对物质与精神永无止境的需求，而需求的满却是有赖于科学技术的发展所带来的技术条件的提升、生产发展及人们生活方式的改变。这一前提决定了设计具有流动的时尚美的特点，从表面上看，有时是由于某些社会因素或治因素，但其本质因素依然是科学技术的发展。

人们对新颖、时尚、合理的渴望实际上是对创新的追求，而产品设的本质就是创新。在形态、功能、材料、结构等方面能提出为合理的方案就是伪装设计所要做的工作。

现在的手机设计遇到了一个瓶颈，每一个品牌的手机基本造型相同。

　　如果来了电话，忙乱中在包里总是很难找到手机，有时拿出来
　　的会是钱包或是与手机类似的物品，如果手机外有皮套或是
　　有两个手机那就更麻烦。这是一款为女性设计的手机（见图3.10），
　　其中间部分非常柔软，灵活的屏幕和外壳允许在两个方向弯
　　曲。完全弯曲后可以挂在包口、衣服或裤子口袋，或是其他你
　　喜欢的地方。但这款手机功能方面比较简单，只具有常用的功
　　能，如时钟、日历、地址簿和相机。柔软的伪装设计特征既增
　　添了创新美又为手机较少的功能做了掩护。

不同时代存在特定的认知形式，包括对颜色、形态、款式、品牌等的
　　认知，就是同一时期的不同国家、地区、地域等也存在认知上
　　的差异性。伪装设计要考虑不同时期、不同地域对产品形式的
　　特定要求，这就是设计的时空法则。

3.7　伪装设计与个人化

伪装设计对于设计师有着产品设计方法论上的重要启示作用。

　　▶ 在全球化中，对多样性的需求意味着设计师需要关注那些
　　　本质相同、实际相异的、有点自相矛盾的大批量产品。从
　　　经济上考虑，伪装设计需要充分利用核心技术。同时，为
　　　了能满足真正的需求，它们要达到高度的个人化。消费者
　　　需要能够以他们所希望的合适方式使用产品，这就需要多
　　　用途产品的配合。

　　▶ 伪装设计必须具有高度的适应性才能满足消费者的选择，
　　　才能确切地传达消费者自己所拥有和所信奉的文化内涵。

这也正能够充分体现出伪装设计作用的产品。例如，不
走到哪里都能随身携带的产品，这种方式非常适合高度
人化的设计。

▶ 伪装设计的个人化特征必须延伸到其功能的表现上。这
功能必须使消费者感到重要并与自己息息相关，能够帮
他们实现自己的目标与梦想。

因此，伪装设计本身不会终结，并且进一步成为知识、服务和情感
创造者与调节者。伪装设计不仅能够展现形象，还应该让消
者可以借此表达他们真正的身份。

当今，汽车和人已经形成密不可分的关系，汽车同样显示着人的
份和价值。将水龙头伪装设计成了高档车挡把的样式（见图 3.1
极具个性化。在拥有这款水龙头的时候，给消费者带来了好
拥有了高档车的心境。

伪装设计辅助产品设计，使消费者以完全自然且毫无障碍的方式来
控。这不仅会利用到直观的界面以及音控和触控的操纵方式
也要求基体产品尽量不在场。这就是说，消费者可以花最少
时间换取最大的功效。例如，我们希望不必走到电话旁，也
必伸进口袋掏手机就可以沟通；我们希望不必亲自出行就可
体验感官上的接触。事实上，我们想要的是能随心所欲，做
做的任何事，去想去的任何地方，无论是居家时还是在运动中
无疑地，在穿衣戴帽作为约定俗成之规范的社会中，自然而
勉强地将相关功能整合到衣服或流行饰品上可能是一种理想
式，可以充分发挥伪装设计的可能性与伪装设计的无限延伸性

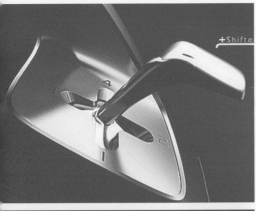

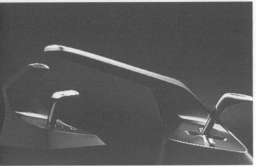

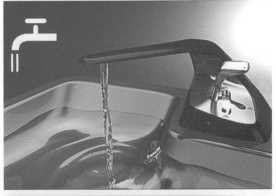

▲

图 3.11 伪装成高档车挡把的水龙头。

4

伪装设计的
基本创造原理
058…069

人们通过思维对所获得的形态信息资源进行归纳、选择、重组，并行形态的意念性设计。根据形态创造的思维机制可将这种意念设计分为模仿变形和构成两大类。

4.1　伪装设计的模仿与再造

伪装设计的模仿与再造主要来自对自然伪装元素和人工伪装元素的择与再造。模仿在产品设计发展史中发挥了重大作用，许多造性理论都是建立在这一现象基础上的。产品设计发展史中有许多杰出的设计作品，很多都来自于对自然形态或人工形成果的模仿与再造。茶几伪装成了磁带这一元素^{（见图4.1）}，带属于人工产品，并被喜欢音乐的人所钟爱，这款茶几深受爱音乐的消费者的欢迎。从根本上讲，模仿是一种自然过程是人类与生俱来的一种生存能力，它随着人类的进步与发展现向理性化的转变，出现了有意的模仿或借鉴。伪装设计来于对自然伪装元素和人工伪装元素的模仿、变形与构成，所伪装设计的本源是可借鉴和处理的自然伪装元素和人工伪装素。伪装设计巧妙地把自然伪装元素和人工伪装元素的特征产品的功能特征、使用方式巧妙地结合在一起，集形态、材料功能、使用方式、表面材质肌理于和谐统一的整体。伪装设

▼
图 4.1　磁带茶几。

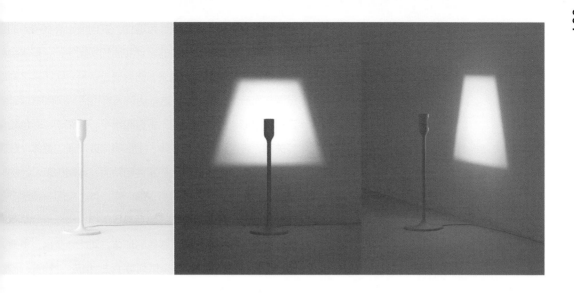

.2 "隐藏"了灯罩的
灯。

对于产品设计来说是最重要的、最实际的、最商业化的，也是最有效的。

人既是自然的人，也是社会的人，人的生理、心理离不开生养自己的自然和社会。大脑中的所有形态信息都是从自然和社会中积累下来的，绝没有其他的信息；人们在进行形态设计的时候，总是通过创造性思维与创造性技法将许多信息进行选择与重组，这在本质上正是一种模仿与变形；人们在进行形态设计的时候，在许多情况下是受自然形态与人工形态的激励和启发的；设计的形态信息让使用者接受和解读时，使用者也必须依据自己头脑中已有的自然和社会形态信息与新的形态进行比较，从而使其中所包含的语意为使用者所接受。

看上去像没装灯罩的落地灯^{（见图 4.2）}在把灯打开时，隐藏的灯罩就出现了。一团亮光出现在灯背面的墙上，形成了灯罩。由此可见，模仿的基本类型不外乎对自然伪装元素的模仿和对人工伪装元素的模仿两大类。在模仿过程中要把握伪装的基本特征，再造后的伪装与原伪装通过少量的中间过渡就能完成再造过程。

4.2 伪装设计构成

伪装设计的构成是伪装元素在产品设计中，按照伪装的视觉效果、力学的原理进行编辑和组合。它是以理性和逻辑推理来创造伪装，研究伪装与产品之间的组合形式的方法，是理性与感性相结合的产物。伪装设计的构成包括理性构成和形象构成。在伪装设计过程中，先要通过精密设计安置所有伪装元素，以期获得高

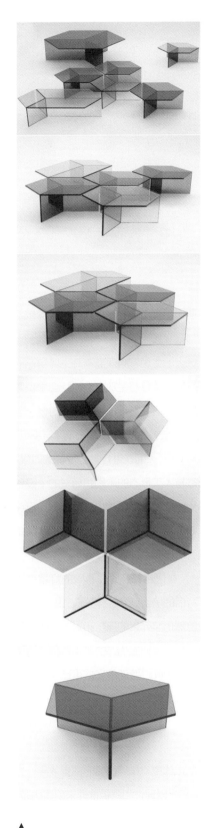

度的伪装平衡和无限的设计可能性，并创造出高度清晰的伪装
设计风格，进而探索伪装的设计实质和视觉特征，追求全部设
计要素统一的动态平衡效果，强调通过各种对比因素之间的视
觉调整而产生一种活力。这些伪装因素包括：明暗曲线和直线、
正形和象形、形体和空间、垂直和水平、静和动、彩色和单色
等关系，将各种形体和字体、图形等构成严谨的整体。在产品
造型设计中，要依据产品的属性和特点，运用伪装设计的构成
原理，利用伪装元素中的点、线、面、体、空间等辅助产品设
计顺利进行，并运用数学的逻辑进行创作，构成十分丰富的设
计。主要以各种黑白的或彩色的形体、对比、交错、重叠、相
加、相减、递增、递减、复杂排列等手法，组成特殊的设计效果，
达到伪装设计的目的，从而引起消费者心理反应和联想。

名为"等边（isom）"的六边形玻璃桌^{（见图4.3）}完全用厚 10 毫米的玻
璃做成，颜色包括蓝、灰、绿、青铜四种，每张桌子的桌面是
一个六边形，通过三块长方形玻璃板支撑。从上往下看时，这
些桌子通过构成的形式给人一种仿佛立方体的伪装错觉，当很
多张桌子拼到一起的时候，层叠的效果让桌子的立体感更强。

4.3　伪装设计的基本修辞方法

伪装设计是一种创造活动，它的构思活动形式与文学创作有许多相同
之处。在伪装设计的创作上有意识地采用一些普遍意义上的处
理手法可以使产品的视觉效果倍增。在此将这些处理手法称为
伪装设计的修辞方法。

4.3.1　伪装设计的简洁手法

随着人类社会的发展，人们的生活节奏变得越来越快，瞬息万变，复
杂而紧张的生活时间在速度的作用下变短，生活空间在速度的
作用下变小。人的视觉对形象的认识能力受到了时间和速度的
影响。为此，人们要求用秩序和条例来平衡这种心理的忙乱，
这就要求设计的形态具有简洁的视觉效果和感染力。

简洁不等于简单，更不是简陋；简洁的核心是精、纯、整，而不是纯功
能主义的单调和冷漠。所谓"精"就是产品要形象鲜明，有主题，
有很强的视觉吸引力；"纯"就是要充分体现形态的本质、功能、
使用方式，尽可能地不使人联想到其他类型的物品；"整"就是
要统一，让所有的造型因素都统一在一个系统里，避免形体的支
离破碎，加快信息的准确性传达速度，便于人们的认知和使用。

▲
图 4.3　"等边（isom）"
的六边形玻璃桌给人立方
体的伪装错觉。

4 衣架顶部下凹，改
衣柜的空间格局。

传统衣架的造型相对统一，衣架设计中简单地令衣架顶部下凹^{（见图4.4）}，这一改动不仅仅是造型上的改变，对于衣柜的整理结果也大不相同。衣架是一个家居用品，基本是以三角形为原形的，现在的衣服款式很多，多为长款式的衣服尤其是外套，衣服在存放的时候经常会出现拖箱子底部的现象，当然，大衣柜的尺寸是可以改的，但随着大衣柜尺寸的变高，却增加了用户存取衣物时的难度。衣柜内部需要更好地利用空间，以便存放长款的衣服。因挂钩的降低，而促使悬挂的衣服提高，衣柜下部分则平均可以增加 7cm 的存储空间。

4.3.2 伪装设计的分割与重构

所谓分割就是将一个整体或有联系的整体分成独立的几个部分，重构则是将几个独立的部分重新构建成一个完整的整体。这两者是一种互逆的关系。

任何平面形态都可通过分解还原到最基本的点、线、面，而任何立体形态也都可以分解还原成点、线、面、体，同时也都可以通过重新组合构成新的造型形态。这种观念是建立在现代科学观的基础之上的。任何物质都是由最基本的原子、分子所构成的，通过对这些原子、分子的重构，可以形成新的物体。在此，我们仍然选择基本几何体作为分割对象。几何形态是各种形态中最基本、最单纯的形态，通过对这些形态的分割或重构，更容易创造出新的立体形态，从而更好地体现分割与重构的效果^{（见图4.5）}。

经过分割，将分割后的单体再进行组合、重构，这也称为分割移位。无论是等分割、比例分割还是自由分割，都与平面材料的立体化有类似之处。被分割的块体是由一个整体分割而成，因而具有内在的完整性，所以分割后的块体之间通常具有形态和数理的关联性和互补性（合理、巧妙的关联性与互补性是设计时要充分考虑的，也是评价分割好坏的重要标准），很容易形成形态优美、富于变化的作品，这也是此种造型方式的特征。这是在形态组合关系中形成形态契合的一个重要方法。关于形态的契合，在后面还会单独谈到，在此强调形态的创造。

5 几何体的分割与重构。

强调这种关联性和互补性的组合、重构形式有贴加（分割体之间具有形态、数理的关联性）、分离（分割体在形态上有互补和呼应）和翻转（分割体的断面形态对称而富于变化）。而对于同种分割，要充分运用上述形式，挖掘尽可能多的组合、重构造型。此外，对立体形态的分割，分割后的单体形态越是单纯并富有变化，效果越好，要避免切割过小，造成分割体过多。

图 4.6 伪装设计组合体
现反重力原理的伪装视觉
效果。

4.3.3 伪装设计的重复组合

伪装设计的组合利用了构成思想中的数理组合排列或打散重构等原
方法，在形式上具有重复性或相似性，因而具有很好的视觉
奏感、韵律感，类似于文学修辞中的排比。将同样的矩形单
打散并重复组合便构成了书架^{（见图4.6）}，连接件隐藏在了后
给人一种反自然的伪装视觉效果。

伪装设计的组合也可以使产品向系列化发展。系列化或家族化也是
品设计的主要方法，企业在多种产品的开发设计中，追求形
或颜色上的相似性、统一性，以突出产品或企业形象。

4.3.4 伪装设计的契合

契合是一种特殊的组合方式，契合本身有"符合""匹配"的意
伪装设计的契合是指产品与伪装之间相互紧密配合的一种
系，这种方式是根据产品的基本功能要求，找出产品与伪装
间的相互对应关系，如上下对应、左右对应或正反对应等，
创造出来的伪装与产品互为补充，使产品设计中各元素之
通过伪装契合设计，形成新的统一体，从而达到扩大产品的

能价值、合理利用材料、节约空间、方便存储等目的。

塑料杯由三个不同大小的杯子组成，它其实是一个放置日用药片的容器（见图4.7）。当我们生病吃药的时候，会遇到不知道把药丸放置在哪里更合适的问题。放桌上怕脏，也怕弄丢。塑料杯的底座是木头制作的，这样对于药片的储存也更加卫生，并且使塑料杯在一定程度上更加美观。同样，塑料杯的顶部有个凹槽，也是为了放置药片。这个塑料杯改变了药物的日常使用方法，当你取下一个塑料杯的时候，你会发现药片卡在下一个塑料杯的顶部，在实用性上面又增加了趣味性。

伪装设计的契合与前面讲过的伪装设计的分割与重构有很大的关系，这是形成伪装契合的一个重要方法。因为伪装设计的分割与重构是针对一个整体而言的，将一个整体"一分为二"也就意味着它们之间必然有"相邻""重合"的部分，也必然存在着契合关系。可以说，这是设计中一种比较理想、特殊的情况。在设计的过程中，可以运用系统的思想，构想出一个"整

类似于套娃的日用
器，使吃药也变得充
乐。

▲

图 4.8 实木块上的裂纹展
现了伪装设计的过渡方法。

体形态"，然后采用分割与重构的思考方法，这样有利于新
形态的创造。

4.3.5 伪装设计的过渡

过渡是指在造型物的两个不同形状或颜色之间，采用一种既联系
者又逐渐演变的形式，使它们之间相互协调，达到和谐的
型效果。

几个独立的设计元素要形成整体，就必然存在过渡问题。在伪装设
的创造中，将两个或两个以上的伪装元素通过一定的处理手
有机地联系在一起成为一个整体，例如，通过相同或相间的
色、材质、肌理、连接形、曲面过渡等。例如，由简单的
木块组成的座椅^{（见图 4.8）}，上面的裂纹是伪装设计的过渡方
把相对独立的六个面通过一条裂纹联系了起来。对于一个信
的设计元素，只有一个完整而单一的形态，没有过渡的问
然而在产品设计中，设计师面对的设计元素是相对复杂的，
些设计元素通过"重构"与"积聚"等方式组成一个整体，
这个整体中，任何设计元素都不是独立存在的，一个设计元
与另一个设计元素之间必然要建立联系和过渡。

4.3.6 伪装设计的呼应

伪装设计的呼应是指形态在某个方位上形、色、质的相互联系和
的相互照应，使人在视觉印象上产生相互关联的和谐统一
呼应在产品造型中应用广泛，尤其在产品形态的最终调整
中，为了强调局部与整体、局部与局部的统一关系，对其补
元素进行相似性的处理，最终得到联系紧密的和谐整体形
此外，在组合化、系列化产品的设计中，为了增强各组成部
的视觉关联，也常常采用形态的呼应来得到一种统一性与和
感。例如，对各个组成部分采用相似的颜色、材质分割就可
得一定的呼应关系。

美国俄勒冈州的啤酒很有名，而胡德雪山也是当地的著名景点。
这二者却没有什么关系。而一支年轻的设计师团队 N
drinkware 就把这二者用自己的产品紧紧联系了起来。这
品就是"胡德雪山啤酒杯"^{（见图 4.9）}。通过查阅各种地理资
North drinkware 的设计师们得知了详细的胡德雪山的形
据。他们把这个数值等比例缩小，作为啤酒杯的杯底形状。
为胡德雪山的形状不规则，所以每一只杯子都需要手工制
人工吹制。这样，杯子每次被倒满啤酒时，胡德雪山的轮原
出现在杯底。

9 著名景点胡德雪山
地啤酒的组合体现了
设计的呼应。

4.3.7 伪装设计的比拟与联想

比拟是比喻和模拟，是事物意象相互之间的折射、寄寓、暗示和模
仿。联想是由一种事物到另一种事物的思维推移与呼应。比
拟是模式，而联想则是它的展开。设计师通过自然伪装元素
和人工伪装元素创造出新的伪装，当消费者认知到这些信息
时，会与其记忆或经验中的认知相比较，从而得到对伪装设
计的更深层次的嫁接，使现有产品的内涵扩大。换言之，设
计者通过有限的伪装元素创造出一个开放式的感受空间。整
个过程以一种含蓄、内敛的方式取得了丰富多彩的情趣之美。

比拟与联想在形态设计中是一种独具风格的造型处理手法，处理得
好，能给人以美的享受；反之，则会使人产生厌恶的情绪。
采用了猕猴桃自然表皮元素的猕猴桃果汁瓶（见图4.10），伪装成
了一个猕猴桃。消费者通过视觉可以直接联想到里面盛放的
是什么果汁。

名为 Iceberg 的矮桌（见图4.11）可使人产生看冰的感觉，即便是从远处
望去，你也许会有在近距离接触冰的感觉。事实上，Iceberg
矮桌是采用玻璃纤维和环氧树脂制作而成的。它的确拥有和冰
一样光滑的表面，但它内置了蓝色的花纹，感觉像是给冰块画
上了唯美的图案。

0 由猕猴桃的果皮自
想到猕猴桃汁。

▲
图 4.11 蓝色的花纹使人联
想到冰川。

伪装设计除满足产品的功能要求外，还要求辅助产品设计的造型应
人以美好形象的联想，甚至产生对崇高理想和美好生活的
往。这样的造型设计就能满足物质、精神两方面的需要。而
样的造型设计通过比拟与联想的艺术手法即可获得，耐人
味，能让使用者产生一种超凡脱俗的美好联想，这些源于生
而高于生活，更具有典型性。

4.3.8 伪装设计的主从与重点

主，即主体部位或主要功能部位。对设计来说，是表现的重点部
是人的观察中心。从，是非主要功能部位，是局部的、次要
部分。

在产品设计中，主从关系非常密切，没有重点，则显得平淡，使观
者的视线在产品上四处游离。因此，产品设计中需要设置一
或几个能表现产品特征的视觉中心，产品的视觉中心设置往
理与否直接影响到产品形象的艺术感染力及其市场竞争力
高低。视觉中心的设计可以引导人们对对象产品进行更加深
的探求，从而使设计对象达到使用功能与精密尺度等各要素
协调和统一。

一般来说，由于产品功能结构的影响，产品的视觉中心往往不止一个，就必须有主次之分。人们在观察过程中，视线通常追随轮廓运动。当察觉到可见物象的具体形象时，视线便会聚集在一个适当的位置。因此，伪装设计必须辅助营造一个占优势的并具有一定趣味的中心，更重要的是符合人们关注的共同点，从而引导人们用眼睛在这样的中心部分进行深入的探求和发展，而分散了对于次要部分的过分关注，这一过程是伪装设计的重要方面。主要的视觉中心必须最突出、最有吸引力，而且只能有一个，其余为辅助的、次要的视觉中心。

用透明材料将沙发腿隐藏起来^{（见图4.12）}，这样的设计突出了中间部分，用户的视觉不会聚焦在沙发腿上，沙发的主次被划分得很明显。

在伪装设计中，对于视觉中心的处理就是设计活动的主要内容之一。它可以明确地表达产品的物质功能，在一些特定含义下还可以满足人们视觉欣赏的功能。确切地说，这时的视觉中心就成了整个产品的中心。视觉中心可以是整体中各种具有独立意义的部分或相互间的组合，如表面、立体以及表面的线和点，或者光彩、颜色和肌理。假若没有这样的视觉中心存在，产品形象就必然会呈现单调或杂乱的状况。因此，视觉中心是构成产品各部分主从、先后次序的主导要素，也是伪装设计注重的主要因素。

12 沙发腿用透明材料
了起来，营造出奔跑形
腾空的视觉效果。

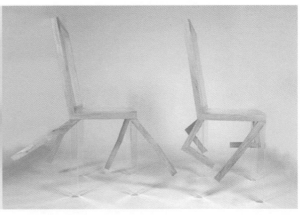

5

伪装设计的
切入点
070···085

伪装设计是在拥有基本美学知识的基础上，根据产品功能和设计定
进行的产品初步设计过程。这一阶段的思维特征是发散性和
新性，设计师要带着基本设计要求进行多角度、全方位的思
但无论哪一类产品的造型设计，其伪装设计总可以从以下几
方面找到着眼点：构成类设计、意象类设计、结构类设计以
由此衍生出的各类调整型处理方法。

构成方法是伪装设计的基础方法。它从平面、立体、颜色等角度为
装元素、形式乃至材料、工艺等方面提供了伪装设计的基本
理与方法。

关于伪装设计构成的概念很多，有广义的，也有狭义的。所谓伪装
成是以形态或材料等为要素，按照视觉效果以及力学或心理
物理学原理进行的一种组合。显然这种组合关系是特殊性
需要严格符合视觉效果或力学、心理学原理。但事实上，伪
设计构成的组合关系可以分为两大类：第一类是符合或接近
理逻辑关系的组合，这种组合有很好的视觉效果，如由各类
变、重复、发射构成的伪装组合，它是以物理学、几何学作
主要构成方法的；第二类是凭借记忆、想象、顿悟而产生的
象，重在强调伪装的情感性和象征性，即重在表达审美客体
审美主体的启发诱导作用，如各类同质异构、异质同构以及
装仿生设计等，它是以人类学、社会学为主要线索的。我们
前一类构成方式为逻辑构成，称后一类为意象构成，通常所
的构成主要指前者，也就是狭义的伪装构成。

这两种构成方法对伪装设计有着重要的指导作用，其中逻辑构成在
装设计中使用最为广泛，而意象构成在伪装设计中使用的难
相对较大，有些伪装设计则是将两者结合在一起的。

5.1 伪装设计的逻辑构成

伪装要素对形成产品的造型有着十分直接的影响。产品造型的秩序
括比例、尺度、重复、渐变、节奏、韵律等。而逻辑构成是
以数理、几何、推理等作为形态设计的主要思维方法和表现
式，这类构成形式有一个共同特点就是以重复、渐变、有数
规律或近似数理规律的组合等作为其表现形式。

所谓伪装设计逻辑构成方法是指在伪装设计中运用重复、渐变、分
等形式使某一个或某一类单元形态多次重复出现，这种形态
时既符合美学规律，又能巧妙地满足功能要求，在现代设计

使用较为频繁。在工业产品设计中，立体构成形式使用最多，特别是在家具、灯具、厨房用具、文化用具、工具等产品的设计领域应用得非常广泛。在立体逻辑构成中，重点强调将形态与材料的感受性有机结合，以形态的感受性为中心，追求形态与材料、形态与结构的最佳组合。这类形态由于自身的构成形式，具有非常好的节奏、韵律、统一、和谐之美。构成造型是现代主义的杰作，它开创了现代设计的基本理念，一方面具有很好的形式美感，另一方面又符合现代机器功能、生产的要求，同时还方便安装、组合、运输等。

为了让大家更好地理解形态的逻辑构成，我们从较为简单的基本几何体这类纯粹形态设计入手，逐渐向较为复杂的产品形态设计过渡。

简单的基本几何体可以分为单体伪装设计和复合体伪装设计两类。

5.1.1 单体伪装设计

A. 点、线在产品视觉设计中的应用

点、线是伪装设计的重要组成元素，许多伪装设计本身就只由点或线元素构成，点、线对于形态的影响是多方面的，有直接的影响，也有间接的影响。有时点、线是形态的决定性组成元素，如各类棒状体、线状体产品等；有时点、线又可以对伪装设计起到画龙点睛的重要作用，如产品的局部由实体线状结构或镂空线状结构组成等。

从伪装设计的角度来说，点、线可以引导观察者的视线，从而表现出动与静、节奏和韵律及空间感等。例如，桌布上的线条绘制给观察者的视觉带来了一种影响，仿佛桌布有凹陷效果，实际这只是伪装设计利用线所实现的一种效果（见图5.1）。

点的感觉与人的视觉感觉具有密切的联系，它主要由周围的形态元素或整体形态与其相对的异性所产生，即当其在视觉中显得细小时就被感知为点。这里的点不同于几何中的概念，点是非常灵活的形态元素，即使其非常小，也可以产生强烈的视觉效果，容易成为产品的视觉中心。当产品中同时存在多个点时，观察者的视线在其间不断转移，从而可以形成新的视觉关系。众多的点通过聚集或扩散能够引起视觉张力的变化，使产品趋于复杂和生动（见图5.2）。此外，点的连续排列还可以产生线、面的特征。点按水平或垂直方向排列，视觉感觉较为平静；反之，按斜线、曲线、涡旋线排列可以产生强烈的动势。均散排列的点可以形成面的肌理效果。

.1 通过线条伪装出凹
效果。

▲

图 5.2 这款灯具造型的安装避免不了会有紧固螺丝暴露在外面，每颗紧固螺丝实际上都可看作一个点，将其有规律地排列起来，既产生了极强的视觉冲击力，又方便了安装和生产。

5.3 通过线形伪装的椅子。

5.4 衣架通过线形勾勒
几何形体。

5.5 利用线形勾勒出鸟
笼轮廓的灯具。

在伪装设计中的线不同于几何中的概念，它不仅有长度、方向、位置，同时还具有颜色和形状。这几个因素直接影响着线的视觉感受。例如，直线给人以明确、理性、坚定的感受，曲线给人以含蓄、感性、优雅的感受；粗线具有力度感，细线显得纤细、柔弱；水平线显得开阔、稳定，竖直线显得崇高、向上，倾斜线具有强烈的动势和不稳定感。此外，线通过排列又可以产生空间感和速度感。例如，设计师将椅子用金属板材勾勒出来，椅子的绝大部分都被线形伪装了起来^{（见图5.3）}。又如，用线形勾勒出衣架几何形体的轮廓，视觉上给用户营造出一种潜意识的立体感^{（见图5.4）}。

利用点和线的处理可以在不改变整体形状的基础上得到所需的视觉效果，因此，在产品造型设计中，点和线的应用非常广泛。常见的可以分为两类：一类是产品本身的功能直接决定了其外形的点、线构成形式，如键盘类产品、网孔类产品、栅格类产品。这类产品中点、线的几何因素受到一定的限制，但可以通过诸如形状、颜色、质感等因素的调整得到丰富的视觉效果。另一类是主要通过点、线构成形式设计来进行视觉效果处理，可以适当兼具部分使用功能。这类产品中点、线的处理就自由了许多，既可以调整其颜色、形状，又可以对其基本的几何因素进行设计，以得到视觉效果的最优化。

在产品设计中，当形态比较呆板或杂乱时，可以结合伪装设计的因素增加点、线视觉元素或结合统一与变化的规律，对其相互之间的视觉关系加以调整，从而掩盖造型呆板的缺陷。例如，具有鸟笼元素的灯具，利用线形简洁地勾勒出鸟笼的轮廓，掩盖了真实鸟笼造型呆板而烦琐的缺陷^{（见图5.5）}。

B. 面在产品设计实践中的应用

与点、线相比，面对于形态的影响更为直接。它的存在直接决定了产品的外部形状，是形态最主要的组成元素。面的视觉特征可以直接影响形态给人的性格特征。

从伪装设计的角度来说，面给人的是一种具有多维度特征的视觉感受，它可以给人一种更为强烈的立体空间感^{（见图5.6）}。在形态的设计中，面与形的关系要比点和线更为直接，它可以更为直接地确定形的存在。在视觉感觉过程中，面是人们识别事物的重要因素。

面是伪装设计中设计空间最大、技法最丰富的区域。它与形态的整体视觉效果直接相关。面的处理主要有平面处理和立体处理两个层次。

首先进行平面处理，主要是对该区域进行功能分区和视觉分区构图，可用不同的材质、颜色或线段、线框处理。视觉分区是伪设计的重点，功能分区和视觉分区并非完全割裂的两个概念在此仅是从不同的出发点考虑而已。很多时候，功能分区视觉分区是相互影响、相互利用的关系；有时，这二者可重叠。也就是说，功能分区主要考虑的是产品不同区域的能造成了面的分割，而这种功能的分割又要通过一些视觉区来体现。视觉分区可以不考虑功能的限制，而主要从视感受出发来进行设计。但是，视觉分区可以为功能分区服务使伪装在兼顾功能的前提下，体现出更好的视觉效果。

在平面处理的基础上进行立体处理，主要是结合功能分区、视觉区构图进行凹凸的处理变化。在基本块体造型设计中，要虑形态在不同视角所展现的视觉效果。视觉效果的最终实要与功能相配合，综合考虑各种因素。

大多数产品形态是由面的视觉元素构成的，所以面在产品造型设中具有特别重要的意义。与点、线的构成对产品的造型效影响一样，面也有功能性构成和视觉性构成两个方面，通是将两者结合起来实现的。面的视觉元素可以分为平面和面两大类，平面和曲面给人的感觉与直线和曲线类似，但于维度的差异，面的视觉效果更为丰富。此外，由于面的征广泛地存在于自然界中，因此，更容易使人产生丰富的联例如，波浪形曲面可以让人联想到跌宕涌动的水面、起伏软的沙丘等，这种经验性的感觉会移植到产品的形态中，圆润的倒角曲面使人倍感柔顺，等等。

面对产品造型的影响主要是通过曲直变化和分割构成来完成的，其面的曲直变化处理较为简单和直接，而其分割可以在前者基础上反映出更多的变化，其中又可以包括自身结构分割颜色对面的分割。自身的结构分割在一定程度上受其功能影响较大，例如，汽车车身曲面就直接关系到其空气动力性自而颜色的分割则主要从视觉感受出发，为形态设计服务。

C. 块体设计对新产品造型设计的启示

块体与点、线、面相比，具有完整的三维立体感和空间感。而正方体球体、圆锥体、圆柱体是自然界中各种形态的最基本原形体形态设计中的原始思维总是从这些形态开始的。在现代的品加工制造中，这些基本体形最符合机床的直线和旋转的削加工制造。由于块体的三维特征，几乎所有工业产品的

▲
图 5.6 利用面的排列组合丰富了造型，增强了视觉冲击力，并起到了功能分区的作用，既避免了盲目地增加部件，同时也塑造了产品的特征。

态都是以正方形为最基本的参考基准。

基本块体形态设计的基本方法与美术中雕塑的方法相似，即"雕"（减法）与"塑"（加法），也就是切割与附加[见图5.7]。

基本块体设计中最重要的方法是数理逻辑构成。它是一种对基本块体进行切割、重组、递增、递减等具有数理性的构成设计方法。在设计中，基本块体设计的处理对象包括面、棱、角三类。此外，还涉及点、线、面的选型问题，即基本块体的形态设计是点、线、面、体这些造型元素的综合设计[见图5.8]。

总之，对伪装的逻辑构成处理主要是为了打开伪装设计的思路，其中绝大部分处理可能是与功能相悖的。但由于这一阶段的设计以横向发散思维为主，会有大量的设计方案产生，只要有足够的方案，就可以在其中发现具有利用价值的优秀方案。

5.1.2　复合体伪装设计

前面所述的伪装设计方式都是单体的基本伪装设计元素，而在实际设计中，由于产品受功能、材料、加工方法、使用方式等多种因素制约，无法将其产品限制成一个单体伪装设计，而更趋向于复杂。在这种情况下，就需要考虑采用其他的伪装设计方法了。而从单体伪装设计所延伸的复合体伪装设计就是一种行之有效的方法。所谓的复合体伪装设计就是通过多个单体伪装设计的组合形成一个新的整体。这些单体伪装设计可以是相同的也可以是不同的。复合体伪装设计由于集合了各个单体伪装设计的造型特点，并通过组合方式的变化使得整体伪装设计较单体伪装设计更加富于变化、更加丰富。

A.　同类单体伪装设计的组合

所谓同类单体伪装设计组合就是利用具有相同或相似视觉特征的若干单体伪装设计组合成一个新的整体，从而产生一个丰富、完整的新的伪装设计组合。在同类单体的组合设计中，如果尽可能

5.7　此款 Braun 剃须刀顶面由三个块体单元组成为剃须区域，不再是传统剃须刀那种以面为区进行划分，形成了完全独立的三个模块，从视觉上给用户传达出一种更加贴合造型的舒适和灵活的心理感受。

5.8　Zalman ZM-GM4 鼠标的整体造型以块作为功能分区，从视觉上看是由多个不同造型的块组成的，将原本整体的造型分割成了多个单元，增添了产品特性，形成了一种模块化的效果，仿佛可以变形，给用户带来了很多联想。

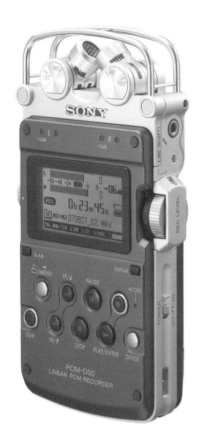

▲

图 5.9 索尼 PCM-D50 银灰色和深灰色的搭配体现着索尼公司旗下电子产品的品牌特征。自然界的伪装原本就是各类基本型的相互搭配或重复、渐变等组合，我们从这里也可以受到启发。

▲

图 5.10 Find7 呼吸灯中导光微粒的数量达到了三千余颗，当有来电或未读短信通知的时候，呼吸灯会均匀地由内而外扩散亮起，在黑夜中甚是好看，好似夜空中划过的彗星的尾巴。

地采用最少、最单纯的单体伪装设计，则可以让其组合特征为明确。这时的单体伪装设计被我们称为伪装单元。

例如，索尼 PCM-D50 立体录音棒的大部分部件是基于圆柱形进行设计的，圆柱体具有移动和滚动的特征，暗示了该部件的功能，而所有的圆柱形伪装单元给产品整体模仿出了工业革命时期品的特征（见图 5.9）。

对于产品设计，组合伪装设计是更主要的伪装设计方法，这主要是于以下原因：

- ▶ 本身具有秩序化、节奏化的视觉心理感受。
- ▶ 便于加工制造，节省成本，便于包装运输、安装和维修。
- ▶ 具有许多独特的功能特性。
- ▶ 伪装单元具有组合方式的多样性特点。
- ▶ 伪装单元具有较强的互换性和兼容性。

伪装单元通过具有数理逻辑性规律排列组合所产生的复合伪装设计有明显的秩序感和理性的美感。同时，由于这种复合伪装设计具有明显的互换性和兼容性，当这种造型方法与产品功能相合时就可以进行模块化设计。伪装设计中利用排列组合而产的复合体伪装设计被大量地应用在家具设计、公共设施、儿玩具以及各类工具、灯具等产品的设计中。

B. 异类单体伪装设计组合

所谓异类单体伪装设计组合就是利用具有不同视觉特征的若干基本装单元组合成一个新的整体，从而产生一个丰富多变的新的装设计组合。

自然界的许多伪装都是各类伪装元素的单独、渐变或是相互搭配合，在许多自然伪装和人工伪装中其整体形态很难说是接哪种基本伪装元素，它们往往是多种近似伪装的组合体，种伪装较为复杂，其设计与表现难度都较大。例如，Find手机前面板下方的月牙形状的呼吸灯，与传统的指示灯不同呼吸灯是基于人呼吸的频率来设定灯光的闪烁频次，呼吸在闪烁时，让人直观地感觉到手机在呼吸，将手机伪装成拥有生命的产品（见图 5.10）。黑色的手机外壳本来是用于伪装型，方便用户阅读信息，在此又与灯光组合，利用手机本黑色的外壳，灯光显得更加耀眼。

由于异类单体伪装设计组合时各个伪装单元之间的差异较大，因此在伪装设计中处理的重点就是如何协调各个伪装单元间的辑关系的问题。例如，意大利公司 Nave 设计的"Plicate

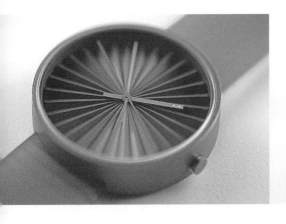
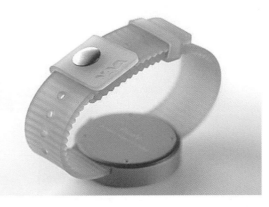

5.11 "Plicate" 的表带
经过了设计师精巧的设
以揿扣的形式扣紧表
取代了以往传统的腕表
带，具有触感的特殊材
上它从众多手表产品中
颖而出。设计师专门设计
一个指向两边的秒针，以
合整体的美学风格。

腕表^(见图5.11)。这款腕表拥有独特的造型，表盘的折叠式下陷表面代替了常规的平面造型，在形态上模仿了纸质折扇。表带采用了瓦楞造型，可以促进表带和手腕间空气的流动，防止手腕出汗。这个设计创造了腕表的新类型，并研究了表带和手腕贴合的问题。除此之外，表带的瓦楞造型呼应了表盘的折叠造型，更好地烘托了纸质折扇的效果。

C. 系列化的伪装设计

由于每种伪装都有自己的表情特征，如果我们在相关但不相同的产品设计中保留这种特征，然后进行伪装设计的演变，就可以创造出一组系列化的伪装设计。形态的系列性或成组性是指这些形态彼此具有相同或相似的形态特征，也就是形态具有统一性。

在伪装设计系列化的演变中，把握伪装的特征是最关键的，所有演变后的伪装单元都不能脱离这个伪装设计特征，否则就不能形成同一系列。在特定工作空间，空间内的各种伪装单元在功能上有关联性，在形态、颜色上有相似性，形成了系列化。当然，系列化中的伪装特征也并不是绝对不变的，而必须结合具体的伪装单元做相应的变动，否则这种系列感就会显得单一和呆板。在进行伪装设计的演变时，我们可以通过形的近似、形的重复、形的渐变、形的等差级数的组合等来进行伪装单元的变化与统一，创造出既富于变化，又具有统一感的伪装设计。

在产品设计中，通过这种伪装单元统一性处理，可以使体量不同、功能各异的产品形成系列。产品的系列化是产品非常普遍的一种存在形式，一个特定的公司对于同一品牌的、同一种类的产品，往往以系列的形式推出。当然系列产品的类型很多，有成套系列、组合系列、家族系列、单元系列等。能够形成产品系列的方式有很多，除造型外，还包括材料、颜色、肌理、装饰等。系列

▲

图 5.12 深泽直人借鉴和模拟自然物表面的纹理质感和组织结构特殊属性，发挥产品的实用性，以及表面纹理的审美、情感体验。这些果汁盒外层伪装成香蕉、草莓和猕猴桃的色泽和质地，形成了系列产品，并塑造了品牌形象。

化产品具有加快开发、生产速度，降低生产成本，以及提高品的市场竞争力等众多优势。其中伪装设计的系列化对于强产品的形象、扩大品牌的认知度等具有非常重要的作用（见图 5.12系列化的伪装设计可以通过以下几种方法得到：

▶ 颜色设计法：用来统一不同结构外形的产品（纵向系列化用差异较大的颜色搭配关系打破相同结构外形的产品（向系列化）。

▶ 结构外形相似化：在形态中采用相同或相似的形态元素不同产品造型具有系列化的视觉特征，主要是具有同类能的产品，如做饭用的铲子、勺子、叉子、笊篱，系列妆品，组合工具，系列家具，以及系列文具等。

5.2 意象类伪装设计

以上所述的逻辑构成主要是基于数理的秩序性，以逻辑思维为主，这种伪装设计构成方式在感受心理中仍然有形象思维的影子所以，一切伪装设计只要被反映到人的大脑、被人所感知时它已经是被加工后的意念了。意象类伪装设计强调人的主观受性，它是以形象化的情感思维作为形态设计的主要思维方法

3 通过模仿电子虚拟
态,使用户产生联想。

其表现形式主要是由对现实事物的模仿、变形、提炼、夸张、
同质异构或异质同构等方式实现。

例如，模仿了各种卡通和游戏人物形态的产品（见图5.13），使消费者在
看到该款产品时会联想到另一个电子的虚拟人物，从而将模仿

生物的价值和产品的价值结合在了一起，增加了消费者对产品的好感。

在伪装设计中，意象类伪装设计与伪装设计逻辑构成往往是相互渗透的。伪装设计是一种创造性思维活动，在设计过程中形象思维（直觉思维）和推理思维（逻辑思维）是辩证统一的两个方面，它们可以相互促进，相互转化。不过，逻辑毕竟是研究思维形式与规律的科学，是理性的。因此，在伪装设计逻辑构成中必须强调意象的再创造。

意象类伪装设计常常以现实形态为参考对象，特别是一些自然有机形态。人们理解伪装时通用的方式是对伪装的联想，所有的联想都来自于记忆或记忆的高度概括、集中或延伸。虽然这些意象的轮廓线、表面质地和颜色都是模糊的，却能以最大的准确度把它们想要唤起的形态寓意体现出来。

因此，可以说意象是形状的抽象，只是这种抽象并非一种从无数个别外形中抽取其共同特征的过程，而是一种更加复杂的认识活动。人在观看某件事物时不仅限于某一特定时刻看到的形状，而是要把这一时刻看到的东西视为一个更大的整体逐渐显示出的不可分割的一部分。同时，还会延伸到一系列与之相类似的其他物体和行为，甚至达到完全抽象的境界。既显示了自己的工作属性，也表达了自身的品质因素，是一种全抽象的非构成形式，一旦被人理解将会给人留下耐人寻味的印象。此外，还有些意象并非直接来自物理对象本身，而是由某些抽象概念间接地唤出。例如，设计师将椅子的表面伪装成了蔓藤的造型（见图5.14），线条造型生动形象，视觉效果给观察者以无限联想。

伪装设计的意象主要指伪装设计所表现出来的整体动态、姿势、情态等。它的特征在现实生活中能找到其原形与模特，并且意象造型抽取出了原形本质的特征，甚至是夸张了的特征。意象造型的方法常常被用于现代抽象雕塑的表现。它来源于对原形的模仿，再进行抽象变形，这是人类进行艺术创作和科技活动的基本方法。

下面介绍意象类伪装设计的几种方法。

5.2.1 立体解析

从立体的不同侧面、不同局部、不同剖面等提取伪装元素，重新构成以产生新的视觉效果。伪装形式的视觉冲击力和反差性很强，但又非常富于视觉元素的统一性，原因在于它是同类元素

▼
图5.14 花园中的椅子伪装成蔓藤的造型，和环境融为一体。

常构建，因而既有统一性，又有特异性。例如，蜂巢果盘提取了胡蜂蜂巢内部的结构造型和材质效果作为果盘整体造型的构思来源，果盘宛如一个胡蜂的蜂巢^{（见图5.15）}。胡蜂是具有强螫针的蜂类，其蜂巢一旦受到打扰，胡蜂会对侵犯者进行群体进攻。所以，胡蜂的蜂巢代表着危险，视觉警示性极高。同时，也说明它也是非常难以得到的。将胡蜂蜂巢元素用于产品造型，能够极好地锁定用户的视线，并使用户产生相应的情感体验和共鸣。

5.2.2　同质异构、异质同构

同质异构、异质同构是伪装设计的两种重要方法。同质异构是将现实中本来属于一体的元素以反常的形式重新构建，如将两辆自行车背靠背连接在一起，完全不同于以往的双人自行车，骑行者需要更好的默契才可以正常行进^{（见图5.16）}，这种构成方式让人看起来便直接联想到了很多失败滑稽的景象，更能引发人们的尝试心理。有些同质异构类似于立体解析，具体表现在位置配置方式、数值的增减等方面。异质同构与同质异构相反，是不同类元素的常规性构建，如将香烟以结绳的方式打结，将"手臂"和"回形针"这本互不相干的事物联系在一起^{（见图5.17）}。这两种方式都能表达生活中与此相似的情理，讽刺幽默，耐人寻味。

5.2.3　夸张、简约

夸张、简约是最常用的造型艺术表现形式，在传统古典雕塑中常见，重在强调伪装的情感特征，有时甚至已经不具备某一物体的整

▶

图 5.17 禁烟广告。

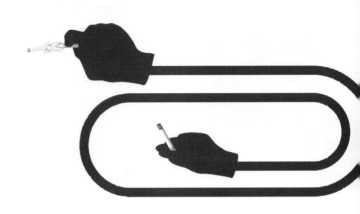

体特征。例如，设计师将水龙头的造型设计得比较夸张，

造出了强烈的艺术性，给用户以无限的遐想^{（见图5.18）}。水力

的曲面造型配合水流出的状态，形成了一种新的整体效

宛如水珠滑落叶片的瞬间。

▼
图 5.18 水龙头整体造型从侧面看是由两条曲线组成的，前段有明显的工艺缝，这种造型形式引导了识别感官，用户可以清晰地看出水龙头分成两个部分。通过拆卸前端部件可以调整水龙头出水口的距离。

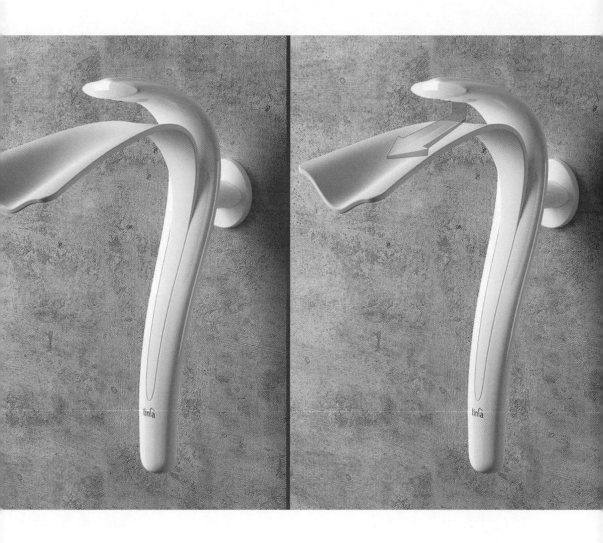

材料、结构、
运动结构对伪
装设计的作用
086…121

伪装设计的方法很灵活，切入点也很多。由于产品设计的目的和比

点不同，伪装设计的依据也不同，构成和模拟只是设计中的

些普遍性方法。有时，设计从一开始就受到材料、结构等[

的制约，或者设计从一开始就需要根据特定的结构和运动纟

进行设计。在伪装设计过程中，材料、结构和运动结构等[

的运用是一种能够相互转换和相互联系的思维途径。

6.1 材料对伪装设计的作用

伪装设计的实现离不开材料，材料是产品造型的物质基础。材料

种类非常丰富，不同的材料对应特定的物理、化学、生

心理特性，进而决定了最终伪装设计所要表达的物理、化

生理和心理功能得以实现。有许多人认为产品设计的关键

材料，这正是从材料对产品的功能、伪装及心理的决定性

用考虑的。伪装设计不同于传统工程设计，伪装设计除了

很好地把握材料在产品的功能、基本成型方面的要求外，

应注重材料视觉、触觉等心理效果对产品整体品质的塑造

用。这种影响作用是伪装设计材料运用过程中的重点考质

素。为了实现这一点，各种各样的材料表面处理技术应运而

材料的运用需要以视觉效果为中心，可以同时兼具功能效

材料在伪装设计塑造方面可以通过特定材料实现特定的产

功能，或者塑造特定的空间形状，以及保证其表面视觉品

等等。

随着生活环境的不断变化，消费者对于产品材料的认知在不断

高，消费观念逐渐倾向于性价比高的产品。宜家家居产品

采用木材，还有棉花、玻璃、金属等可循环的材料，这也

合了现代家居产品的发展方向。木材是家居设计中常用的

料，在不改变原材质的情况下，经过粉碎、压缩或是直接

割、拼合等手段，可再设计创造出新的家居产品[3]。家居

品中常用的还有各类织物，如沙发、抱枕、地毯等。织物

料经过消毒处理，可以重构再编制，也可以再次利用。为

减少对棉花的依赖，宜家在产品中大量使用了包括由纤维

制成的莱赛尔纤维和麻、棉混合材料等替代材料。由 50%

和 50% 莱赛尔纤维制成的床上用品，其生产过程中必需的

学品会在封闭系统中被回收利用，从而将环境影响和浪费

至最低[4]。

6.1.1 材料的分类与作用

广义上所指的材料是人们思想意识之外的一切物质，是一种跨越人类时代的物质，无论有没有人类存在，材料依然按自律性存在和演化。具体地说，材料是人们用以作为物品（各种构件、工具、产品或设备）的物质。材料和人类的衣食住行密切相关，人类的生存与发展离不开材料，人们对于材料的应用水平被看作人类社会进化的里程碑。人类的发展史就是一部人类对材料的利用史。

材料是伴随着人类社会的发展而发展的。人们对材料的应用也是由低级走向高级。凭借化合、混合、溶解、复合等一切可以使元素之间相互作用的方法，对分子结构进行各种排列组合，可以形成各种各样的新材料。据专家估计，目前全世界材料的总数已经超过了 60 万种。科学技术的迅速发展，特别是光电子技术，微米、纳米技术的发展，以及计算机技术的广泛应用，为新材料的开发、研究提供了更为广阔的天地，并将极大地加速材料发展的步伐。

材料早已成为人类赖以生存的不可缺少的重要组成部分，人类社会的发展、科学和物质文化的进步也总是与新材料的出现、使用和变动紧密地联系在一起，并反映出人类在认识自然、改造自然及创造人造材料方面的能力。从人们长时间对材料性能、工艺、使用特性等得到的经验性基础知识，转变到从材料内部结构进行的基础科学研究；从对材料的科学认识（材料的实用性和审美性），转变到在社会生产和生活中对材料的实际应用，这恰好表明设计已经成为材料通过技术手段满足社会需要的纽带，这也符合设计通过材料实现为人类造福的宗旨。

产品造型材料成千上万，在如此繁杂的材料领域中，有各种不同的分类方法。其中，与产品造型联系紧密的分类方法有如下几种。

A. 按照材料的发展时间分类

► 天然材料主要指天然的石头、木材等。

► 加工材料指用矿物通过冶炼、烧结制成金属和陶瓷等材料。

► 合成材料是指将不同物质经化学方法或聚合作用加工而成的材料，合成材料又称为人造材料。合成材料包括塑料、纤维、合成橡胶、黏合剂、涂料等。

► 复合材料是指运用先进的材料制备技术将不同性质的材料组分优化组合而成的新材料，以一种材料为基体，另一种

材料为增强体组合而成的材料，常见产品有玻璃钢、碳
维等。

▶ 智能材料或应变材料指的是随环境条件的变化具有应变
力，拥有潜在功能的高级形式的复合材料。

B. 按材料的化学成分分类

按材料的化学成分可以分成金属材料、无机非金属材料、
分子材料和复合材料四大类。在材料的应用中往往还利
不同材料的结合形成复合材料，实现单一材料难以拥有
性能。

▶ 金属材料。金属材料是由金属元素构成的材料，如铜、钅
金、银、锡、铝等。各种金属材料都有其自身的光泽与颜色
是良导体，具有良好的延展性。金属可以与其他金属或
金属元素在熔融状态下形成合金，具有良好的机械、光
性能。

▶ 无机非金属材料。无机非金属材料从化学上可以分为三

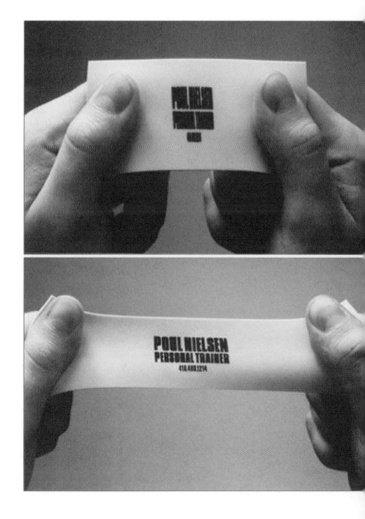

▶
图 6.1 利用材料的物理、
化学性能可以更好地实现
伪装设计。

类，即非金属单体（石墨、钻石等）、金属氧化物（陶瓷、水泥、搪瓷、玻璃、凝胶等）、非金属氧化物。

▶ 高分子材料。高分子材料是由相对分子质量较高的化合物构成的材料。它具有较高的强度、良好的塑性、较强的耐腐蚀性能，很好的绝缘性和重量轻等优良性能，是发展最快的一类新型结构材料。高分子材料种类很多，通常根据机械性能和使用状态将其分为三大类：塑料、橡胶、合成纤维。

▶ 复合材料。复合材料是由两种或两种以上不同性质的材料，通过物理或化学的方法，在宏观或微观上组成具有新性能的材料。各种材料在性能上互相取长补短，产生协同效应，使复合材料的综合性能优于原组成材料而满足各种不同的要求。常用的复合材料有夹板、纤维强化树脂、纤维强化橡胶、纤维强化石膏、钢化玻璃等。

6.1.2 材料的性能与形态

A. 材料的物理性能

不同的材料具有不同的物理性能特征。例如，金属材料具有较高的强度和塑性，以及良好的导电性和导热性。陶瓷材料硬而脆，且耐高温、耐腐蚀。塑料等有机高分子材料密度小、耐腐蚀、绝缘性能好。因此，在设计一种产品时，为了能更好地达到产品所必须具有的功能要求，必须深入研究和分析材料的性能特征，以便科学、合理地选择材料，使材料的性能特征获得充分发挥。

材料能够赋予伪装设计以客观条件，良好地利用材料的物理化学性能便能设计出更好的伪装设计产品。

例如，产品设计方案从人类的视觉角度入手进行设计，利用了弹性材料的特点，为了节省空间以及保密，将信息印刷在一块弹性硅胶片上，只有把硅胶片拉开才可以看到信息的完整内容（见图6.1）。这种设计方式充分反映了视觉伪装的特点。

又如，台灯采用了磁吸原理，灯杆的底端和整个灯的底座具有一定的磁性，用户可以自由移动灯杆，不用担心灯杆会掉下来（见图6.2）。磁吸原理的使用，打破了以往传统的连接方式，把两个部件以隐形的方式连接起来。

B. 材料的视觉性能特征——质感

不同性质的材料或不同形状的材料都会呈现出不同的视觉性能特征，并给人以不同的视觉感受。因此，材料的视觉性能特征将直接影响到材料被用于伪装设计后最终的视觉效果。例如，杯子的

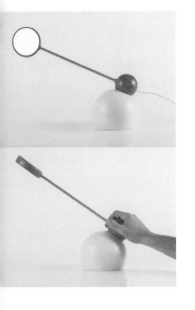

6.2 利用了磁吸原理，台灯的两个部件以隐形方式连接起来。

▲

图 6.3 利用透明玻璃，将
杯子伪装成了悬空感觉。

◀

图 6.4 通过陶瓷的质感，
伪装出小动物可爱的神态。

杯身部分采用陶瓷材料，根部采用透明玻璃，从视觉上把杯
伪装成了悬空感觉（见图6.3）。

质感是展现材质本身的实体感受，也是伪装设计表现效果的重要
素。同时，质感也是材质本身的特别属性与人为加工方式表
在物体表面的感觉。事实上，质感是由触觉所引起的，但在
的视觉经验中，视觉可以使人联想到触觉所转移的经验。因此
通过质感也能伪装设计出不同的感知。例如，陶瓷温和的暖
色，配合小动物的形态，将一个杯子伪装出了小动物温柔可
的神态和松软的皮毛（见图6.4）。

从广义上讲，任何材质都具有与众不同的特殊质感，质感是由材料
有的颜色、光泽、形态、纹理、冷暖、粗细、软硬和透明度
多种因素形成的。此外，还可以通过不同的人为加工方法制
出更丰富的变化效果。由于构成成分不同，组合方式也相当丰富

例如，运用透明材质，椅子给观察者一种悬浮在空中的感觉（见图6.
实际上，设计又一次欺骗了观察者的视觉感官。设计师将椅
的末端采用了透明的丙烯酸材质，并巧妙地加工了椅腿的木
部分，形成一种木纹逐渐变淡的效果，乍一看就如同整张椅
悬空飘浮了起来，丙烯酸材质的透光性给整个设计效果以最
的条件保证。

在自然材料中，几乎无法发现相同的质感。即使是同一种材料，
只能取得类似的质感而已。而人为材料，无论属性如何优异
也无法取代自然材料的位置。人为材料的质感取决于人为的

6.5 利用透明材质，将
椅子伪装成了悬浮在空中
的感觉。

工方式，如切、磨、琢、刻、压等技法，是材质加入工具与技
巧的趣味以及各种巧妙构思寓意的外在表现。

严格来说，质感的表现除了要掌握材质本身的特性之外，还要配合光、
色、造型等视觉要素，才能获得最佳的效果。如光亮的物体，
就是因为物体的表面质地细密、有光泽、能反射物象；而毛织
物品质疏松，受光会扩散而产生柔软、温暖的感觉。某些物体
当受到光从单方向照射时，会形成反光与阴影，这些都可以说
明质感的差异。所以说，质感是由视觉的明暗效果和实际接触
所形成的。

一般可以将质感归纳为粗犷与细腻、粗糙与光滑、温暖与寒冷、华丽
与朴素、浑厚与单薄、沉重与轻巧、坚硬与柔软、干燥与滑顺、
迟钝与锋利、透明与不透明等基本感觉形态。

Menobottle 的材料选用 Tritan 共聚酯，晶莹剔透，环保安全，材料
耐热 109℃，防漏水，与信纸的尺寸相同^{（见图6.6）}。Menbottle
的设计初衷是增强水壶的便携性，可以将水壶很好地放入随身
包具中。选用如此晶莹剔透的材料，除了便于观察外，更大限
度地从视觉上减少其原本的体积感，使其显得更加轻便。

世界上存在着几十万种不同的材料，由于它们的质地、表面纹理、颜色、
形态各不相同，给人的视觉感受也不相同。就拿金属类材料来
说，在我们的周围有许许多多用各种金属制成的物品，反映在
它们的表面有各种各样的视觉特征，有的显得粗犷凝重，有的
趋于粗细轻薄；有的表现出光洁明快的特点，有的则给人以含

▶
图 6.6 以 A4、A5 命名，并以其纸张规格为尺寸，更容易让"白领"、设计师和学生产生共鸣。

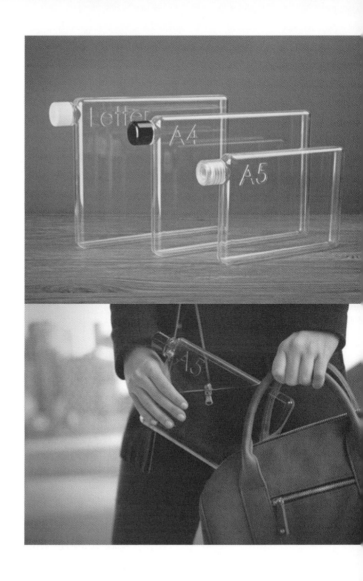

蓄深沉的感觉；有的显得华丽昂贵，有的则表现出拙朴与廉。可见，材料的视觉性能特征只能是相对而言，并不是对的。即使是同一种材料，也会因其形状、体积、重量、肌理颜色等的不同而呈现出不同的视觉效果。因此，我们在具感受这些材料的视觉性能特征时，主要是受我们对这些材的物理性能特征的理解及材料加工所构成的物体形态因素影响。

6.1.3 常用设计类材料的分类

常用的设计类材料一般可分为线材、面材和块材。线材给人的基视觉特征是有轻量感、挺拔或柔软感，构成空间后有凌空感紧张感及视觉导向感，体量感较弱。面材具有轻薄感、平整感表面有充实感、紧张感，侧面有空间感，面材的分割呈趋线材的感觉，面材的积聚趋向块材的感觉。块材具有重量感体积感、充实感、稳定感与坚实感，块材的分割呈趋向面材的感觉。

A. 材料的肌理

材料是形态构成的物质基础，所有的形态必须借助于材料来实现，所以对材料的研究贯穿于整个造型过程。肌理是表达人对设计的表面纹理特征的感受。一般来说，肌理与质感含义相近，对设计的形式因素来说，当肌理与质感相联系时，它一方面作为材料的表现形式而被人们所感受，另一方面则体现在通过先进的工艺手法、创造新的肌理形态，不同的材质，不同的工艺手法可以产生各种不同的肌理效果，并能创造出丰富的外在造型形式。

B. 质地与肌理

人们使用质地这一概念来区别不同材料的表面效果，那么"肌理"又是什么呢？同一种材质的物体，由于对其表面处理的手法不同而能创造出不同的表面效果，它与材质并无必然的联系。但这并未改变这种材料的质地，改变的只是这种材料的表面效果，因此可以说肌理是材料表面的组织构造。

质地是由材料本身具有的自然属性所显示的表面效果，是以视觉或触觉直接感受的表面组织构造。

肌理是由人为行为所产生的物体的表面效果，是在视觉、触觉中加入某些想象的心理感受，肌理的创造更强调造型性。肌理可以分为视觉肌理和触觉肌理。凡是不需要直接触觉而只靠视觉充分察觉的肌理，称为视觉肌理；而能实际被触觉感知的肌理，称为触觉肌理。

由物体表面组织构造所引起的视觉触感，称为视觉肌理感。

C. 材料的肌理在造型设计中的作用

肌理的存在从属于造型的需要。在造型设计中，同一形态因其肌理的不同，其表面效果就截然不同，肌理对造型的作用主要体现在以下几个方面：

► 肌理可以增强形态的量感。肌理作为形态表面的组织构造，与形态有着更密切的关系。在一个形态上可以同时存在同一肌理或不同的肌理，粗糙的肌理给人以厚重的感觉，细腻的肌理给人以平滑、含蓄的感觉。同时，对肌理部位的形状进行合理地配置，能够起到强化形态各种机能的作用，而不是干扰或破坏形态的整体美。

► 肌理可以丰富形态的表情。肌理经常被用于家具、产品以及建筑物的表面，不同肌理的使用能够大大丰富物体表的含义，所以要将肌理配置在视觉容易触及的部位来增物体的感情色彩。

▶ 肌理可以传达形态的功能。人们往往利用肌理的特性赋肌理语言的功能，通过对材料表面纹理方向的加工来提使用者的操作功能。例如，各种瓶盖都是利用肌理语言引导人们去正确地使用。肌理的功能作用还在于能够增材料的实际强度。

6.1.4 材料与伪装设计

没有材料，伪装设计就无从谈起。材料是构成伪装的基本因素，是装得以实现的物质基础。同时，材料又是产品中直接被人所察和触及的对象。因此，材料是伪装设计中至关重要的因素毛皮可以保温而被制成衣服，玻璃可以透光而用作窗户……不同的料具有不同的特性，被用到伪装设计上就具有了不同的功能设计师应掌握各种设计材料的特性，充分、合理地利用其特来设计伪装。例如，综合运用自然材质不拘一格的独特性和动性，聚焦了消费者的目光，从而伪装了造型上的不足（见图6.）

材料的性能分为三个层面：其核心层是材料的物质性能；中间层是的感觉器官能直接感受的材料性能，它主要指部分物理性能其外层是材料性能中所直接赋予的表层性能。伪装设计中除要考虑形状之外，还应考虑与使用者的触觉、视觉的匹配。般触觉要求的是与中间层次的物理性能相匹配，而视觉上要的是与材料表面的感觉相匹配。

运用材质替换法实施发明创造，主要有如下两种途径。

A. 开发新产品

运用材质替换法开发轻便型、廉价型、高档型以及功能型新产品要解决产品的轻量化设计问题，人们很容易想到塑料、纸等轻型材料。造纸术是中国古代四大发明之一，它的出现人类文化的传播和发展起到了重大作用。随着现代科学的步和人们对生活用品轻巧便利的要求，纸张也从传统的书天地里超脱出来。有人用阻燃纸制成旅游锅，无论油炸煎都安然无恙。更有人，将经过化学处理的牛皮纸制成活动房构件，其使用寿命长达 10 年。如果需要搬迁，准备两个纸箱足矣。

材料价格是决定产品成本的重要因素，向市场提供物美价廉的产品是创新策略的永恒追求。更换材料是降低产品成本的常用

▼
图 6.7 自然材质伪装了造型上的不足。

法。例如，用纸代布生产的领带、内裤、卫生巾、枕巾、衬领和结婚礼服等一次性消费品，以其造型别致、颜色鲜艳和价格低廉令消费者大为赞赏。

在追求低价产品的同时，也有人期望高档消费品，于是材质上的升级便成为新产品策划的落脚点。例如，当眼镜成为装饰品时，其镜片便从普通玻璃片变换为水晶镜片，镜架也由塑料制品升格为镀金材料。还有一些消费者对真金镜架也提出了需求。再如手表，金亮辉煌，豪气十足；高档象棋，玉石刻就，面目一新。各种日用品开始沾金带银，给精品屋带来一片光明。

如果从材料的更换上使产品功能或性能异变，则创新水平更高一筹。用特种陶瓷制造菜刀，既锋利不需重磨，又永不生锈，家庭主妇岂不高兴？当然，用在菜刀上还只是牛刀小试。有人研究用特种陶瓷制造发动机，可大幅度提高热效率，降低燃料消耗，减轻机器重量，无疑是发动机行业的重大突破。

B. 攻克技术难关

运用材质替换法不但能取得意想不到的视觉效果，还能帮助设计师寻找攻克难关的技术。例如，为了使宇宙飞船能把月球上收集到的各种信息发回地面供人类研究，就必须在月球上架设一架像大伞似的天线。于是，宇宙飞船要携带很多精密仪器，容积非常有限，怎样才能把很占空间的天线带上月球呢？科学家为此绞尽脑汁。后来，人们从材料选择方面入手，即采用形状记忆合金，在 40℃以上做成天线，然后冷却，把天线折叠成球团放进飞船里，送到月面后使天线"记忆"起原来的形状，自动展开而达到预定的状态，从而创造性地解决了技术上的难题。

变更材质搞发明创造，必须了解材料的性能和价格，尤其是在新材料不断出现的情况下，因此，掌握新材料信息更为重要。在此基础上，发明创造者就可以突破传统用材去创造性地思考，在取而代之的进程中获得新的成果。

6.2 结构对伪装设计的作用

结构是构成伪装设计的主要因素。从机械工程的角度讲，所谓产品的结构是关系物体自身构成肌理的要素，其形式和种类复杂多样，要非常科学、严谨地进行参数化的可靠性设计。从伪装设计来讲，产品的结构主要受人们对产品使用方式的影响。只有能保证这种结构给人提供方便、舒适、新潮的生活方式，

才可能从机械工程的角度予以可行性、可靠性的定量化设

例如，灵感来源于中国传统竹筒卷叠的桌子^(见图6.8)，它以一端
的方式让原本安静的桌子活了起来，使其与墙面之间的耳
更多了几丝趣味，大大增强了它对空间的适应性。当空间
够时，可以将桌尾卷叠起；而当其平置时，卷叠处依然可
正常承重。

6.2.1 结构与自然

结构普遍存在于大自然的各种物体之中。生物要保持自己的形态，
需要有一定的强度、刚度和稳定的结构来支撑。一片树叶，
面蜘蛛网，一只蛋壳，一个蜂窝……看上去它们显得非常弱
但有时却能承受很大的压力，抵御强大的风暴，这就是一
学合理的结构在物体身上发挥出的作用。在人们长期的生活
践中，人们逐步认识到这些自然界中的科学、合理的结构厉
并将其发展和利用。

一款名为"Pull me to life"的抽屉^(见图6.9)表达了"拉开抽屉，它
能活起来"。它有着个性的皮肤，有点像鱼的鳞片。当它关闭
这些"鳞片"排列整齐，似乎与普通抽屉无异。一旦拉开，
片"会层层翻转至另一面，颜色也由深色变为浅色。它就像
动物受到外部刺激一般，有自己的反应。而当抽屉关闭时，
又回归本来的状态，继续"沉睡"。

早在远古时代还没有发明工具之前，人类就利用石块、树枝进行狩
利用山崖边的洞穴躲避风雨，用一些动物的甲壳来存放东
这些石块、树枝、洞穴与甲壳是自然界中最基本的结构形

▼
图6.8　可卷叠的桌尾增加
了桌子的趣味。

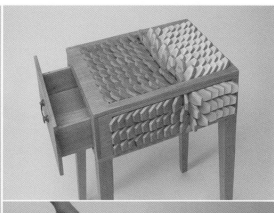

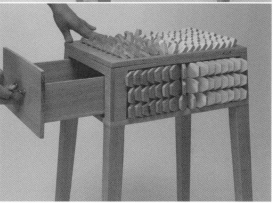

.9 抽屉会变化的"皮

随着人类对自然认识的不断发展和自身的不断劳动实践，逐步在自然物体结构的基础上发明了简单的工具及生活用具。新石器时期的石刀、石斧等各种原始工具及原始彩陶就是人类应用与发展自然物体结构的结果。

当今，随着科学技术的发展和新材料的不断出现，为建筑结构的发展提供了宽广的空间。人们在吸取了大自然中科学合理的基本结构原理之后，创造出了诸如壳体、折板、悬索、充气等多种多样的新颖结构，为灵活多样的建筑形态提供了基本的条件。

大自然是人工物体结构产生的基本源泉。随着人类社会文明的发展，自然伪装中不少科学合理的结构越来越多地被人们所发现和利用，但一些更新、更丰富的结构形式还有待于人类进一步地发掘和利用。在工业设计中，产品的伪装设计与结构是紧密相关的。因此，作为通向产品设计的伪装设计，研究伪装设计与结构之间的相互关系是十分重要的，并要认真深入地观察、分析和研究普遍存在于自然界中的优秀结构实例，努力探索新结构形式的可能性。

6.2.2 伪装设计的结构与强度

所谓结构就是用来支撑物体或承受物体重量的一种构成形式。因

此，一个合理的结构必定要充分利用材料的特性，在一定条件下发挥最大的强度。例如，一张平面的纸，抗击外力强度很弱，如果改变一定的结构形式就能使其承受一定的力。一张平面的纸通过折叠，强度得到提高，并能承受一定的重量；若在折叠的基础上从两侧进行补充，将折叠后的侧空洞用纸板封起来，使之具有更强的强度，就能承受更多的重量。

▲
图 6.10 通过结构的变化，实现功能的改进。

例如，看上去极其普通的图钉（见图6.10），只稍加改进，便从普通的单头圆钉变为了双头圆钉，虽然是小小的变化，却改变了普通图钉的痛点，只需要一个双头图钉就可以用来固定纸张的位置及角度。

结构在产品设计中是至关重要的，为了保证产品的绝对稳定和安全，设计师必须设计出既符合产品设计特点又科学合理的结构形式。可以看出，排除材料自身的因素，结构的强度与结构的形成形式有着密切的内在关系。

A. 结构强度与材料的关系

▼
图 6.11 这款旋转灯的底座和灯罩是分开的，灯罩插在圆柱上，可以 360° 转动来改变光源的方向。灯罩垂直处的反凹形除了起到配合旋转的作用外，同时还起到了增强支撑灯罩的作用。

在弯曲变形中，两个材料相同、截面积相同、结构不同的截面，采用的形状尤为重要，直接影响着结构强度。同样，截面积相同、结构相同，其材料的选择对于结构强度就起着重要作用（见图6.11~图6.13）。

材料、结构、运动结构对伪装设计的作用

图 6.14 这张桌子将两条桌腿进行了交叉，从某个角度看，这张桌子只有三条桌腿，而且交于一点，这样会呈现出强烈的不稳定性，但实际上，这张桌子还是四个支撑点。

图 6.13 为了达到此款座椅伪装设计的合理性，除了合理的结构外，结构强度和材料的选用尤为重要，缺一不可。

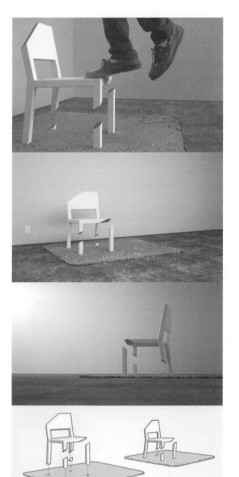

.12 一个长条形的灯只 …侧有根红线吊着它，红 …没有被拉直，其支撑方 …全被伪装了。实际上， …设计是使用了透明单 …作为承重，那根明显的 …只是为了吸引注意力。

图 6.15 日本设计师柳宗理
设计的蝴蝶椅。

B. 结构强度与稳定性的关系

结构强度与结构的稳定性有关[见图6.14]。例如，用木条做成一个方框

这样的结构形式稳定性较差，遇到外力作用很容易发生变形。

如果在木框的对角线上再加一根木条，使其被分割成两个三角

形（三角形是一种稳定的结构），木框的强度就得到了加强。

在现实生活中，可以发现很多地方都采用了这种结构原理。

日本设计师柳宗理于 1954 年设计了蝴蝶椅[见图6.15]。蝴蝶椅的构思

主题是以第二次世界大战后日本的经济重建为背景，是功能主

义与传统手工艺的结合。蝴蝶椅的造型是由两个相同的部件通

过一个铜棒和螺丝连接在一起。座椅下半部分造型呈弯曲状。

弯曲的造型不仅为了丰富造型，还从结构上将原本与地面的接

触面由两条线改变为四个点，减少了接触面，从而使得椅子在

不平的地面也可保证平稳。此外，弯曲的造型设计加强了椅子

的承重能力。

C. 结构强度与受力方向的关系

结构的强度与受力方向有着密切的关系。有时虽然是同样的结构，如

果改变了对它作用的方向，其结构的强度与稳定性也将受到影

响。我们都有这样的体会，如果人坐在一把椅子上，椅子的受

力面是垂直方向，椅子很稳，并能支撑人的重量。如果力的

方向改变了，假设从椅子的侧面向椅子施加一个力，椅子就会

出现移动或翻倒的情况。很多折叠式产品就是利用这种不同方

向上的稳定性差异来设计的。

例如，利用力学原理设计的桌子[见图6.16]，将两个铅坠放在对顶的位

置上，另外两边是正常的桌腿。铅坠在重力作用下，各向下拉

动一边的桌面，两边处在对顶位置上的正常椅腿起到了支撑作

图 6.16 巧妙利用力学原理
实现伪装设计。

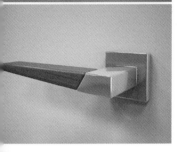

17 实木材料长时间和
接触的部分会产生高
氧化，形成特殊的肌理
。此外，实木材料的纹
不相同，也是其本身特
一，这些都会对用户产
殊的情感体验。

作用，两个固定点确定了一条直线。两个铅坠组成的两个点，加上一条固定直线，确定了一个平面，整个桌子像魔术一样矗立在用户眼前，实际上是力学原理和设计的一次巧妙结合。

6.2.3 结构中材料的基本连接方式

在现实生活中，部分形态结构要依靠材料之间的连接来完成，材料的连接方式直接影响到形态的结构和外形的变化。因此，探索和研究材料之间的连接方式对形态的结构设计和创新有着非常直接的作用。

在产品结构中，材料的连接方式数不胜数，相同材料和不同材料都有着不同的连接方式。但观其规律，这些连接方式大致可归纳为拼接和折叠两种基本方式。

例如，把手的设计采用了橡木和金属两种不同种类的材料进行拼接的设计形式，橡木与金属相接触的部分采用的是斜面相接，形成了一条 45°的斜线，有向下压的提示效果^{（见图6.17）}。橡木材料从视觉上主动提示了用户手握的区域，避免了文字提示，规范了操作，同时延长了产品寿命。

又如，NXROBO BIG－i 是一款智能机器人^{（见图6.18）}。它有一个简单的外形，外壳是由软性面料和塑料拼接的效果，这种拼接效果的目的是要把原本生硬的产品变得更加宜人，更像是一名家庭成员。其软性面料外套可以更换不同的颜色和图案，如同换衣服一般，适合各种室内环境和清洗保洁。

再如，看似是一张餐具中的卡片，实际通过上面印着的不同的对称折痕可以折叠出不同的使用方式。折叠形式的采用更大的特点在于，当使用者拿起它的同时就确定了它使用时的容量，增加

18 NXROBO BIG－i
种与人类相似的方式通
实的眼睛来传递它的情
这更容易理解，并让用
意与之互动。在空闲模
眼睛将关闭，以确保
的隐私。它是材料与结
美结合的产物。

▲
图 6.19 通过折叠可以形成
不同容量的勺子。

了变形效率^{（见图 6.19）}。多功能的勺子还可以在面包片上抹果

勺子在闲置时占用空间很小，由于拥有平板状态，所以在清

时也变得非常方便。

尽管材料的连接方式离不开上述两种基本方式，但在产品设计过程

产品各部件的连接方式却是千变万化的。在伪装设计中采用

种类型的连接方式，其决定因素包括产品的性能、加工方法

功能、形态要求。在当今新材料、新工艺和新功能不断涌现

时代背景下，势必在传统连接方式的基础上会有大量的新连

方法被创造出来，很多连接方式都是由一种最基本的连接方

衍生出来的，因此，更新、更合理的连接方式在伪装设计中

使用方法有较大可开发的空间。

在伪装设计的元素中，伪装功能元素与伪装造型元素互相作用、互

影响，而连接结构就是建立在伪装功能元素与伪装造型元素

上的产品伪装设计方法。在当下，简洁风格占主流趋势，产

的基本形态大部分是由六面体构成的。六面体的造型伪装设计方法，是从纯粹形态的概念设计角度进行设计的。对于具体结构连接的伪装设计方法而言，必须将形态的伪装设计与具体结构的伪装设计相结合。因此，六面体产品的连接方式对伪装设计至关重要。

产品设计中各种型材是通过大量实践验证的衍生通用产品，其拥有极高的使用率。对于产品而言，最大限度地起到了降低成本的作用，大量的型材将被用于连接结构。无论是生活用的门窗、家具、装修材料、家用电器，还是工业用的机械、电子设备等都普遍使用型材。型材的材料种类、结构形式日益增多。这是因为型材有组装方式多样、结构外形美观、安装简单、运输方便等许多优点。这也为工业设计提供了结构形态设计的广阔空间。

在此以最简单也是使用较普遍的角钢为例，构思其如何构成方框体的各种思路。因为方框体是各种立方体产品的基础，不同产品类型对方框体的构成形式要求也不一样，其连接方式和固定方式是核心问题。

角槽向内是一种最普遍的直角型材组合成型方法。通过切割和折弯形成零部件，再通过焊接或螺钉连接组合，达到功能使用的目的。在生活中，我们可以从许多地方看到这种结构使用方式，一般采用焊接连接方法。但从造型设计的角度要讲求功能结构方面的创新性、巧妙性。现在换个角度思考，打破在长方体中总体棱角向内的习惯性做法，采用棱角向外的方式也不失为一种构思方案。显然，棱角向外的方式很富于构成造型意义，连接方式可采用螺钉连接，安装方便，外观整洁。其最大的特点是六个面的开口可以直接将方形壳体盖挂在带有法兰的开口上，再附加扣件，可以使盖的安装与开启更加方便。如果将这种造型用在四面都需要随时开启的产品和设备上（如通信、电器机柜等）将是很好的设计思路。

6.2.4　结构单元的不同配置对伪装设计的影响

从产品的伪装设计角度讲，一个完整的伪装设计系统是由许多不同的功能伪装单元组成的，这些不同的功能伪装单元对应不同的结构伪装单元。这些功能伪装单元可能会因使用方式的不同要求或造型款式的多样化需求而产生不同的组合方式。不同的组合方式会形成不同的设计方案，产生不同的视觉效果^{（见图6.20）}。

当结构伪装单元数量限定后，根据不同的配置方案进行伪装设计的方

法，叫作限量性结构异变法。结构伪装单元的配置方式直接
定了伪装设计的使用方式和造型方案。

产品造型设计过程其实就是一个解方程的过程，即 $Y=(F)X$。这
Y 代表产品设计的方案；(F) 代表产品设计中已经确定的相
不变的因素，包括技术功能结构参数等；X 代表产品设计中
可变因素，其中包括了伪装设计因素。

当一个产品的总功能被分解为若干个子功能且实现这些子功能的
构件都已确定。对该产品进行伪装设计是一个非常值得研
的问题。在这种情况下，结构性的伪装可以理解为是在特
的功能数量及结构部件的制约下的整体结构伪装设计组合
式。因为整体的结构伪装组合方式将影响产品的使用操作
式，影响整体形状的比例关系，当然还会进一步影响外观
型设计的效果。因此，结构伪装将为产品造型奠定基础，
垫大的形体比例效果。在设计时需要统筹规划，总体考虑
拿出合理的结构组织方式。各构件所占的空间比例最合理
整个配置在产品操作上最便利，最能提高效率，成本最低
与产品外观协调，利于造型。

伪装层次展开主要有两种形式，即线性伪装排列和三维组合伪装排列
合理与否的标准与配置方式标准相同。各功能伪装单元的空
大小、比例尺度会影响伪装设计最终效果，因此，既要满足
品的功能要求，还要考虑使用性生理要求和视觉比例关系的
调问题。

▶

图 6.20 此款椅子只有一个
真正意义上的椅腿单元，其
余的三条椅腿被两块亚克
力板所代替，支撑单元被重
新配置，从而达到了伪装设
计的效果，支撑力不受任何
影响。

图 6.21　iPhone 应用 CNC 一体成型技术。

6.2.5　结构与伪装设计的关系

通常，伪装的存在必须依赖于结构。随着人们对事物认识程度的不断深化，自然界中一些优秀的结构形式不断被人们所利用。科学技术的飞速发展和新材料的不断涌现，使一些物体的结构形式趋向科学性、合理性。反之，对一些更加科学、合理的新结构的运用又促使了伪装的新变化。但是，结构的发展对伪装创新起着非常重要的作用，在过去被认为是不能实现的产品设计方案在今天却是可以实现的。

CNC 金属一体成型，也就是 Unibody 一体成型机身工艺。该工艺最先运用在苹果 iPad、MacBook 中，最终在 iPhone5 这一代产品上得以实现，开始引领全金属手机的狂潮。iPhone 5、iPhone6（见图 6.21）采用铝合金一体成型，即机身和边框都是由一整块铝合金 CNC 加工而成，但考虑到手机的射频信号问题，机身会被分割成几段，在上下两端选择注塑等隔断。后盖上下的深灰色线条表面上看来是阳极氧化的分色处理，实质是为了满足信号的接收效果而在结构上进行的伪装设计方式。

对于伪装设计而言，伪装的发挥必须借助于结构形式。其结构的科学性与合理性同样体现出当代的科技成果及人们对新的生活方式的追求。在内部结构上必须能符合技术要求，同时在外部结构上又能满足携带方便及消费者在使用特点上的要求。因此，它所形成的伪装设计必然和产品结构有着不可分割的内在联系。

▶ 图6.22 双层玻璃结构既能
够保温，又可以防止烫伤。

在伪装设计中，结构的创新是至关重要的。因为在伪装设计所表
出的美感要素中，结构形式的新颖性与独特性占有十分重
的位置。在现实生活中，我们常常会发现一个具有新颖结
的产品往往能以崭新的面貌出现在消费者的面前，给人以
大的视觉冲击力，激起人们购买或使用的欲望。例如，利
玻璃的材料特征，使用双层结构方式，双层玻璃器皿^{（见图6}
可以营造出茶水悬空的伪装视觉效果，为器皿中的饮品营
了一种意境。通过对结构的创新，不仅能改善伪装设计，
高伪装的质量，同时创造了一种新颖的伪装视觉效果。世
上不少著名的企业正是利用了产品结构的创新设计打开了
品的销路，赢得了市场。

产品伪装设计的创新与产品结构上的突破有着非常密切的关系。但
具体的伪装设计中，要创造一种新的结构并非是一件容易的

情，这不仅要求设计师必须具有丰富的材料、结构等工程方面的知识，同时还必须具有强烈的创新意识，并要掌握结构变化与伪装之间的协调关系。

大自然中蕴藏着无数优秀的伪装结构实例。这些结构自然天成，在它们中间不但包含着科学合理的力学原理，同时还显示出丰富的伪装内涵。其内部的构造与物体的外形之间构成了十分和谐的统一体。尽管自然中的大量结构已被人们发展和利用，但当我们重新用伪装设计的眼光来审视它们时，我们仍能从中获得很多新的知识和创造的启示。

人工物中传统的基本结构已为我们的学习提供了丰富的素材。在人类的创造活动中，不少科学、合理的结构大都是通过人们在取得前人经验的基础上发展而来的。中国传统家具中的榫卯结构就是一个很好的例子，通过数百年的发展演变，其结构形式越来越丰富，这套结构除了被应用到家具以外，也被广泛地应用到家用电器、模具、玩具等其他行业。如今，各类产品所呈现出来的丰富的结构形式，已为我们学习基本的结构知识提供了充实的资料。

从自然物的构造和传统人工物的构造中学习和研究结构是伪装设计创新的重要方法。作为一名设计师，也必须清楚地意识到，熟悉和了解自然界或人工物中的各种构造形式仅是实现结构创新的第一步。要使自己能在真正的产品设计中，在进一步发挥或满足产品特有的伪装功能及形态变化的基础上进行结构的创新设计，要达到应用自如、游刃有余的境界，还必须通过一定的基本练习，从最基础的训练入手，进一步理解结构与伪装设计之间的内在关系。

6.3　运动结构与伪装设计

机器中传递运动或转变运动形式的部分称为运动结构，运动结构是运动的构成形式，是产品运作的核心内容。运动结构涉及的内容非常广泛，按照机械学的研究方法，其分类已非常系统，每一个运动结构都有其公式和参数，其研究的方法和着眼点主要是从物件的物理规律和工程性能方面展开的，属于工程性质的学科。运动结构是由多部件组合而成的，且各组合体之间具有确定的相对运动。通过运动结构能转换机械能或做出有用的机械功，在不少产品中，对一些伪装设计的使用功能和使用效率的

图 6.23 方形的纸卷其反常规的造型形式，相比"节约用纸"的文字提示，更能够引起使用者的关注。

要求必须通过产品的机械性能完成。不同风格的主题及不同料和结构的结合使用，借助运动结构营造的使用方式，能使原本传统、呆板和无趣的产品及其操作过程有所转变。品运动结构方式的变化带来使用方式的多样性，使产品特更加丰富，消费者会得到有别于传统的体验感受。运动结方式可以直观地塑造出一种新的交互式的体验，使消费者生多层面的体验感受。由体验产生的各种感官、行为及心情感的相互影响，拓展了伪装设计的应用领域，进一步拉了消费者与产品的距离。同时，运动结构方式的特征促进产品附加值的提升，在运动结构中利用使用者不同层面体感受之间的互通性，才能更好地强化伪装设计的效果，提人们的思想文化意识和生活价值理念。

运动结构与伪装设计有着不可分割的内在联系，具体来说，产品动结构对伪装设计的要素将直接影响到以下几个方面。

A. 运动结构与伪装设计功能的关系

运动结构除了直接满足和实现伪装设计的基本功能外，对改善和展伪装设计功能起到直接作用。例如，坂茂的卫生纸设计包括纸卷芯在内的整个卫生纸设计成了方形^{（见图6.23）}。众所知，同轴的圆形体滚动起来是最顺畅的，所以传统的卫生被设计成圆形纸卷，但传统的圆形卫生纸在抽出时，由于力小和惯性的原因，完全靠人抽出的力量来控制纸抽出的离，很多时候纸被抽出的距离大于实际使用的距离需求，造了大量不必要的浪费。方形的纸卷，既增加了阻力又通过边形的每一个角控制了抽出的距离，达到了减少浪费的目当卷纸被放在纸架上拉出时，由于纸卷芯是方形的，会导整个纸卷转转停停的运动，区别于以往传统的圆形卫生纸抽便顺畅地滚动起来。整个纸卷在被抽拉的过程中也传达一种节约的讯息。此外，方形卷纸在装箱打包时最大限度减少了间隙，而圆形纸卷之间的间隙浪费很多。

B. 运动结构与伪装设计造型的关系

运动结构是由各种构件组成的，而构件的组合形式必然会影响到装设计，从而最终影响到产品的外部形态。例如，设计者名为"Moon chair"的椅子设计成可躺和可坐两种模式^{（见图6.}为了保证"Moon chair"在使用者躺下的时候可以前后摇以及准确传达设计语义，椅子需要最大限度地保留月亮的型。因此，椅子采用了铰链折叠的运动结构原理，椅腿折叠，整个椅子下部组成了一个大弧面，保证了摇摆的可行性。为了增强两条片状椅腿和椅身的统一性，椅身采用了和椅腿宽度一致的板材进行了多截面组合的伪装设计方法，巧妙地实现了这一目的。

C. 运动结构与伪装设计其他因素的关系

运动结构除了对伪装设计的功能和造型有着直接的影响外，还与伪装设计的一些其他因素也有着不可分割的内在联系。通常，伪装设计要依靠一定的运动结构在一定能的转化状态中才能得以实现。因此，伪装设计将涉及不同的运动结构形式，并随之影响到产品的其他因素。由于各个因素利用方式、效率等的不同，都将直接影响到与产品有关的诸如生产成本、使用成本、环境效果等。此外，运动结构本身设计得合理与否也将影响到伪装设计的性能、安全性能及使用寿命等。

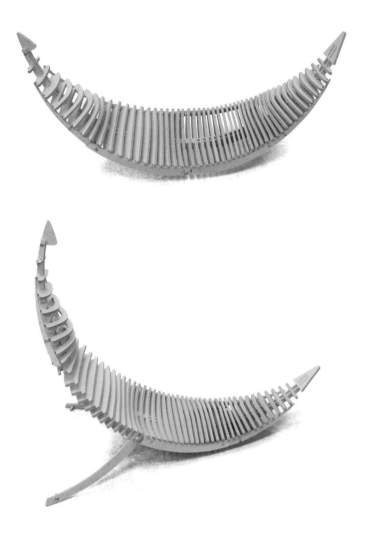

24 兼具坐和躺两种功
椅子。

▲
图 6.25 盒状书柜使长久
未读的心爱书籍在墙壁上
栖息。

综上所述，运动结构与伪装设计有着非常密切的内在关系，运动结
设计是伪装设计中的一个重要组成部分。通常，在伪装设计中
产品运动结构占有很重要的位置，因而产品设计师有必要对
动结构的内容有一定的了解和掌握。

6.3.1 常用运动结构在伪装设计中的使用方式

A. 平面连杆运动结构

平面连杆运动结构是由一些刚性构件以相对运动连接而成的运动
构。由于运动结构中的构件多呈杆状，因此常称这种运动结
为连杆运动结构。平面连杆运动结构中最为常用的是四根杆
成的平面四杆运动结构，它亦是最基本的平面连杆运动结构
固定不动的杆称为机架或静件，与机架相连的杆称为连架杆
不与机架相连的杆称为连杆。能做整周回转的连架杆称为
柄。只能在一定角度范围内摆动的连架杆称为摇杆。铰链四
运动结构有三种基本形式，即曲柄摇杆运动结构、双曲柄运动
结构、双摇杆运动结构。除基本形式的铰链平面四杆运动
构外，还有由此演化而成的其他形式的平面四杆运动结构——
曲柄滑块运动结构、导杆运动结构、摇块运动结构和定块运动
结构。

例如，盒状书柜展示了平面连杆结构与书的结合使用（见图6.25），赋予了书柜的构架和展示性的新功能。书的最长边成为连杆的轴，短边成为连杆，敞开的书籍则变身成为盒盖，而合上的书本则显露出书柜的内部空间，书本因此成为小小储存空间或密室的机关通道。这种巧妙的装置设计使用户可以随时轻松取阅喜爱的读本。

能改变高度的桌子在生活中并不罕见，但调节方法多是采用类似熨衣板的"X"形桌腿。而应用了平面连杆运动结构的桌子拥有两种长度的桌腿（见图6.26），若将其由矮变高，只需抬起桌子即可；反之，则需要轻拉桌面下的把手进行桌腿切换。一长一短地旋转切换，得益于平面连杆运动结构特性，两种高度的稳定性均有保证，矮时六个点接触地面，高时则用三脚架的结构来保持稳定。

B. 弹性运动结构

一款名为 Glouton 的置物架（见图6.27）看起来温馨简洁，但它不只是普通的墙面装饰挂件，其主要功能是收纳日常生活中的塑料袋。现代生活中塑料袋的普及量和塑料袋的质量大幅提升，每次采买用于做饭的食材基本上都是由塑料袋包裹。越来越多的消费者会将超市购物时提供的购物袋用作他用。使用过的塑料袋不容易收纳整理，如何更方便、更巧妙地收纳塑料袋成为一个很好的研究课题。Glouton 的构思理念是将塑料袋藏起来。塑料袋的特点在于其自身的回展性，所以需要一种新形式的"门"，能够更好、更方便地把塑料袋"关"在里面。外层的松紧带既是装饰又是门帘，可以将塑料袋藏于其中，

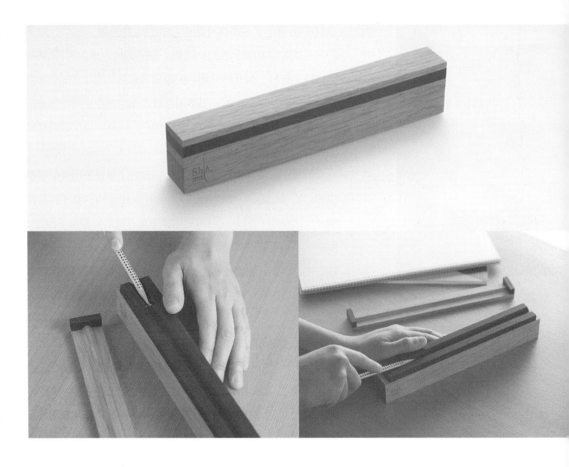

图 6.28　巧妙利用传动方式
使削铅笔变成冥想的练习。

丝毫看不出破绽，使用时将松紧带拨开即可。用户可以单放置塑料袋，材料的弹性将门的功能伪装了起来，产生了种新的开门方式。其后部还设计有一个矩形空槽，可以放纸袋。设计师希望用这款设计来帮助提高塑料袋的二次使率，减少浪费。

C.　运动结构与传动形式

在运动结构的作用下，使构件间作有限定的相对运动，这些运动式都是依靠各种传动运动结构来实现的。

名为 Shin 的卷笔刀^{（见图 6.28）}和以往的卷笔刀不同，设计师希望料铅笔这一日常的任务变成一次冥想的练习。Shin 在日语中为"铅笔铅"，同时也有"纯净""精神""真理"等意思。你在削铅笔时，冥想任务使你同时在进行头脑风暴，这支钮需要进行创造，或者是速写，或者是写字，或者是绘画。款卷笔刀的整体是由日本红橡木和乌木制成的小盒子，内留有一个凹槽放置铅笔。刀片部分选用日立蓝纸钢，削钮时，需在刀片上反复磨，确保它足够锋利以进行更精准地创碎铅屑会掉落进下方的小黄铜容器中，不会污染桌面。

6.29 采用齿轮元素设计
日历。

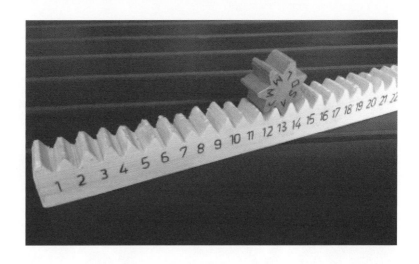

D. 齿轮传动

齿轮传动是将一根轴的旋转运动传递到与它相近的另一根轴上去，并得到正确的传动比。齿轮传动是现代机械中应用极为广泛的一种机械传动方式。它之所以能得到如此广泛的应用，源于它具有的特点：能保证恒定的瞬时传动比，工作平稳性较好；传动比范围大，适于加速或减速运动；圆周速度及功率的调节范围较大，结构紧凑，传动效果好，寿命较长。但齿轮传动制造和安装精度要求高，因此，成本也较高。

采用齿轮元素设计的日历，没有月份提示，星期和日子在周而复始地来来回回（见图6.29）。手写字、没有抛光磨平的木料，更像是设计师灵光一现的产物，似乎也适合用户 DIY 。

E. 带传动与链传动

▶ 带传动。带传动是由主动轮、从动轮和紧套在带轮上的传动带组成的。由于传动带紧套在带轮上，所以，在传动带与带轮的接触面上有正压力存在。当主动轮旋转时，就会在这个接触面上产生摩擦力，主动轮作用于传动带上的摩擦力使传动带运动。传动带中，拉力大的一边称为紧边或主动边，拉力小的一边称为松边或从动边。

▶ 链传动。链传动主要由主动链轮、从动链轮和链条组成。工作时靠链轮轮齿与链条的啮合而传递动力。链传动适用于两轴线平行的传动。链传动可在多油、高温等环境下工作，但是链传动工作时噪声大，过载时无保护作用，安装精度要求高。

伪装设计从造型设计、创新设计的角度着眼，对运动结构设计的思路不同于其他设计思路，它着重于运动结构与伪装的合理性、审

▲
图 6.30 螺旋式的设计便于伸缩和携带。

美性、巧妙性等。伪装设计的主要内容不是研究运动结构，必须了解常见运动结构的运动特征，有些简单的运动结构本就是伪装设计的重要组成部分，如许多产品的传动运动结构、工程机械的外部运动等。许多伪装设计元素本身就是由小运动结构构成的。当然产品设计师按照这样的思路提出的运动结构最终要靠工程师予以定量化设计加以实现。

因运动结构是一种动态结构，我们不妨将前面所讲的折叠、伸缩等结构叫作伪装造型运动结构，但它们并不像发动机上的运动结构可以连续周而复始地运动，而是仅仅起到在两种使用状态下的转换作用（或使用与非使用状态的转换作用），因为它们决定伪装设计方式并在很大程度上影响产品设计。

F. 伪装造型运动结构

在此，从运动结构的角度对常用运动结构做如下说明：

▶ 伸缩抽拉运动结构。

伸缩抽拉运动结构是工业设计师解决产品特殊功能要求的最常用的一种产品结构形式。例如，当对物品的长度有要求而携带、运输等又不允许直接加长产品尺寸时，可以用伸缩抽拉运动结构。这种运动结构实现的具体结构很多，如导轨式伸缩、活塞式伸缩、折叠式伸缩等，通常是将形状细小的部件在形状粗大的部件中抽拉，实现伸缩功能。

例如，采用螺旋式设计的杯子^{（见图 6.30）}，看起来就像是孤零零的单个麻花一样。从材质上讲，设计师们选用环保且是食品级的硅胶作为杯子的主要材质。既然是旅行专用的水杯，设计师采用了伸缩式的设计，伸缩后杯子的体积只有原来正常的一半大小，方便携带。这款杯子同时适合冰水和热水，但为了避免热水给用户造成烫伤，热水的最高温度最好在 60 ℃左右。巧妙的是，它的开口可以顺畅地放下正常空心冰的大小。

外观看起来是一个厚厚的手机壳^{（见图 6.31）}，足有 15mm 厚。这多出的空间中其实暗藏了一排可伸缩铝杆，需要自拍时可以方便地将铝杆伸展出来，变成一根铝制自拍杆。其最大长度可伸展到 72 mm，它还能充当手机支架使用，真可谓创意十足。

电线的收纳可以说是一个世界难题，有时候线不够长需要再接一个插线板，但这样做不够整齐；有些时候线过长，又会因为无处收纳而造成房间乱糟糟的。很多人会疑惑，墙壁插座怎么能够解决这个难题呢？名为 COCO 的墙壁插座在设计时采用了可伸缩的原理^{（见图 6.32）}，以往的墙壁插座只是一个简单的平面，而 COCO 的不同就在于除了一个平面插座之外，设计师在其内部还增添了一个圆柱体，它起到基本保护内部电缆的作用，同时也能起到收纳的功能。那它是怎么做到的呢？例如，当电脑、风扇或插线板的电线过长的时候，只需要轻轻一按，圆柱体便能自动弹出来，多余过长的电线就可以缠绕在圆柱体上，在保证安全性的同时也解决了线缆收纳的问题。

　　▶ 铰链折叠运动结构。

铰链折叠运动结构像伸缩抽拉一样可以缩小物品尺寸，其可靠性高。

　　铰链折叠运动结构可以分为一级折叠和多级折叠，其中一级折

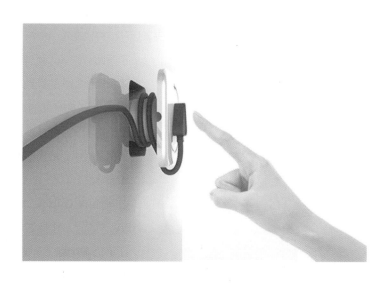

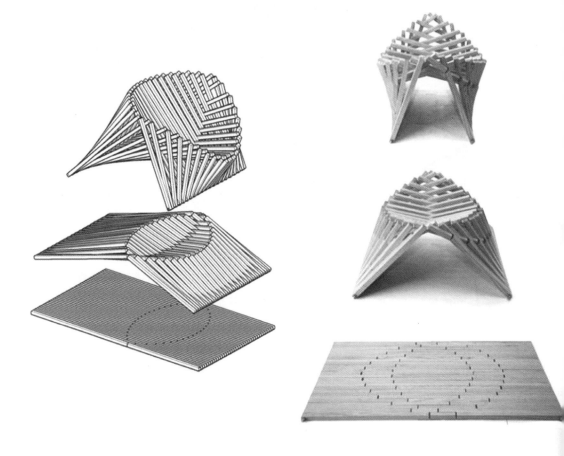

▲

图 6.33 可折叠的椅子可有效地分配和利用有限的空间。

叠使用频率很高。

例如，可折叠的椅子能够有效地分配和利用有限的空间（见图 6.33），子由多条特殊的条状铰链折叠结构组成，使得这款家具既可形成稳定的支撑来充分发挥功能，又可以折叠成平板塞在床存放。多铰链折叠方法既满足了沿曲线形折叠的要求，又满了减小体积的要求。

▶ 夹紧运动结构。

夹紧运动结构也是生活中常见的一种功能运动结构。从儿童时使用子开始，许多人就理解了"夹"的意义。"夹"是人类接触体和操作物体的最基本方法之一。随着生活需求不断提高，"夹"相关的产品的结构、材料形式日益丰富。大部分夹紧动结构都采用弹性装置，也有一些非弹性夹紧运动结构巧妙利用了材料、结构和形态给人们的生活提供了方便性、快捷和趣味性。

例如，由 Frank Guo 设计的创意产品夹子鼠标可以很方便地带（见图 6.34），独特的"C"形和灵活的材料使得它很容易在笔记本电脑上，并起到点缀笔记本的作用。

与产品造型设计密切相关的运动结构很多，在此仅列举有限的几种形式以说明运动结构与造型和使用方式的关系。读者应在生活中长期观察、积累，随时把一些常用的、设计巧妙的运动结构形式记录下来，以丰富自己的设计信息量，逐步提高自己的专业基础素质。

6.3.2　运动结构与空间

运动结构是一种人为作用下的动态操作过程，这成为伪装设计给予消费者的一种新的操作体验过程，更是消费者用以感知和认知产品的有利依据。在运动结构的驱使下，消费者在与产品的交互过程中体验到控制的乐趣，从而实现伪装的价值。

空间包含两层含义，一层含义是产品本身的空间，另一层含义是产品所处的外在空间。移动可以带来空间的改变，运动结构的运作过程中也同样影响着产品本身空间或外在空间的大小变化。运动结构的运作是伪装设计中的一个阶段，针对伪装设计运动结构的运作方式的空间引导，可以增强消费者对产品的联想。具有独特方式的运动结构，将带给消费者更多的体验，使消费者在操作、移动和相应的使用方法下与产品互动。例如，新西兰

34　便携的鼠标。

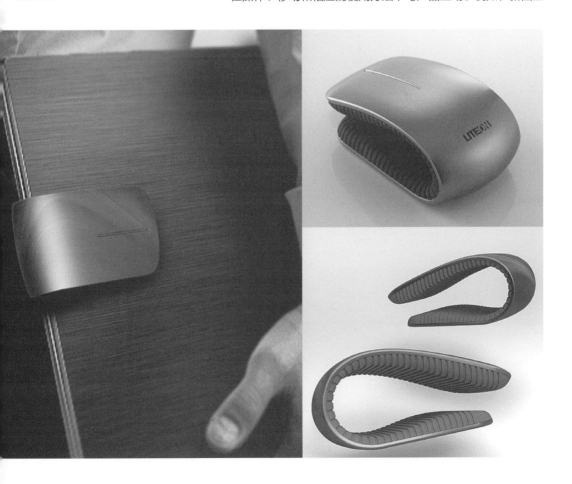

图 6.35 借助快递包装盒结构的打开方式和西服套装图像的空间引导，巧妙地将运动结构与空间相结合。

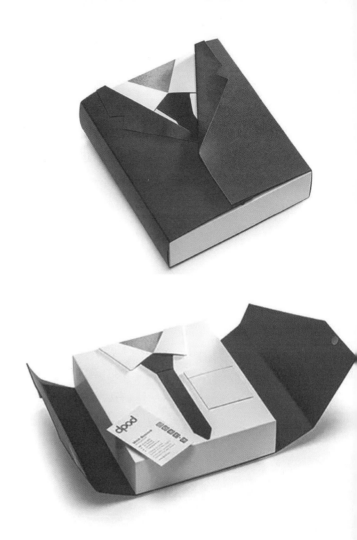

设计师 Mat Bogust 的设计（见图 6.35），借助快递包装盒结构的开方式及西服套装图像的空间引导，使消费者在操作过程中观地体验到包裹独特的打开功能。消费者拆包裹的时候，打西装看到雪白的衬衣，衬衣口袋里面还装着名片，首先感受的就是整洁和高级。此外，快递员也会更加小心地运输这样快递包裹。消费者在经历运动结构行为的实践过程中与产品近了距离，迎合了消费者追求独特个性的心理体验。

空间和产品的使用过程有着紧密的联系，产品使用过程中的每个环都会对空间造成影响，空间的变化会对消费者的心理造成各影响，产生不同的心理感受和体验反馈。伪装设计通过运动构引导消费者的认知和行为，使消费者能够正确、快速地体产品，享受全部的产品价值。

6.3.3 仿生伪装运动结构设计

大自然是人类创新的资源，人类最早的一些创造活动都是以自然界的生物为蓝本，通过对某种生物具体结构或运动结构的模仿，达到创造新的物质形式的目的。例如，在古代就有用木材模仿鱼形而制成的船体，依照鱼尾和鱼鳍的动作原理制成能将船推向前进的船桨；可以将电脑看作对人脑的模仿；机器人、机械手则是对人的生理运动结构的模仿。由于通过对自然生物的模仿、研究所获得的新成果越来越被人们所关注，因而在 20 世纪五六十年代逐步形成了仿生学这门新兴的专业性学科。

仿生学博士斯蒂尔对仿生学的定义是这样的："仿生学是以模仿生物系统的原理来构建技术系统或者使人造技术系统具有或类似生物系统特征的科学"。仿生学的研究范围有物理仿生、化学仿生、智能仿生、人体仿生、宇宙仿生等。例如，人们发现，生物体腔中的隔膜是隔开不同组织的屏障，但它能有选择地让膜两边的物质进行交流，有的让通过，有的则不让通过，这就是生物膜的特殊功能。人们根据生物膜的这一功能原理进行仿生设计，发明了一种理想的反渗膜。这种膜的组织结构酷似生物膜的组织结构，由三层组成，上层为超薄反渗透膜，中间一层是多孔支撑层，最底层为织物增强层。它透水量大，但又能隔除 99% 以上水中的盐分，因而被用于反渗透海水淡化装置，为人类将海水转化为饮用淡水做出了重要的贡献。人们还发现，包围着陆地的海洋是一个大净化器，尽管人们长年累月地不断向海洋排放各种有机物污染海洋，但海洋中的污染程度远远没有人们想象得那样严重。原来，海洋自身有一定的净化功能。经研究发现，海洋中生长着净化细菌，有机物经其净化后能变成水和二氧化碳。于是，人们对这一净化原理进行了模仿，制造了一种含有净化细菌的净化池，再注入氧气使之大量繁殖，使废水变成了无污染的净水。

可见，仿生学不是纯生物学科，它是把研究生物的某种原理作为向生物体索取设计灵感的重要手段。研究和进行仿生设计，往往会使我们的思维超越一般常规的概念，获得意想不到的创新结果。

随着人们对仿生理论的不断探索和实践，仿生设计不仅被广泛应用于材料、机械、电子、能源、环境等的设计与开发领域，同时在工业设计中也起到了极为重要的作用。

7

伪装设计的
视觉效果、
细节处理和
局部调整
122…141

7.1 伪装设计的视觉效果

伪装设计的视觉效果主要涉及颜色、表面材料质感两个方面。颜色和质感其实是一个事物的两个方面，任何物体表面都同时存在颜色属性（包括无色系）和质感属性，其伪装设计的构成规律基本相同。颜色和质感同样存在逻辑构成和意象构成两大类，既可以按照数理逻辑关系进行渐变和推移，也可以按照人的生活经验、心理感受进行抽象构成。单个颜色（质感）和多个颜色（质感）的组合心理来自于人们生活经验的联想，它们的对比和调和原则是依据设计主题的要求来表现不同的心理和生理感觉（见图 7.1）。

7.1.1 伪装设计的颜色设计

经过多年对流行颜色的调查研究，以及对 20 世纪 80 年代"颜色营销"理论的分析，并通过大数据整理后发现，面对琳琅满目的商品，消费者只需 7 秒钟便可以确定对这些商品是否感兴趣，

► 图 7.1　深颜色可以从视觉上缩小物体的体积，电动车的电池部分因受到技术限制，体积较大，将其设计成黑色，从视觉上达到了缩小的伪装目的，电池的实际尺寸没有任何变化，但颜色成功地欺骗了消费者的视觉。

图2　白色包装与彩色糕
点对比带来视觉质感。

这就是消费者在挑选产品时的"7 秒钟定律"。产品的外观视觉效果关系着消费者的关注度，进而影响着消费者的购买欲望。在观察一个产品的 7 秒时间内，产品的造型、颜色的重要程度占 67%，这便成为决定商品优劣的重要因素。作为表现手段，色彩不仅能够体现产品造型的客观属性，还能够唤起人的情绪，表达人的情感，传达意义，渲染气氛。从伪装设计的角度上讲，色彩是最直接、最有力的伪装设计表达要素。色彩具有吸引消费者并让他们清晰认知、记忆的直接效果。

例如，荷兰 Anagrama 设计公司设计的 Theurel & Thomas 马卡龙法式蛋糕店的产品包装（见图 7.2），采用了单纯的白色作为主要设计元素，使人们的注意力集中在美味可口的糕点上，刺激消费者的感官系统。结合色彩反映糕点的情感因素，让消费者的情绪与糕点、色彩进行交流。糕点的色彩元素带来的视觉质感，使消费者在挑选产品的瞬间准确认知产品的特性，引起受众感官上的共鸣，进而诱发情感的联动，利用色彩给人的感性认同表达产品的含义和意境。

成功的颜色定位可以使得产品形象收到事半功倍的效果，它是一项相对投入小而收效大的设计投资，从而受到商家的特别青睐。

7.1.2　颜色设计的作用

人对颜色的感觉和喜厌程度存在着统一性和特殊性。鲜艳的颜色容易

▲
图 7.3 水果本身的纹理代
表了果汁酒的口味。

引起人们的心理亢奋，甚至紧张不适，而饱和度和纯度低的
彩可以安抚人们的心情。合理的颜色设计在创造伪装设计效
时具有重要意义。例如，通过颜色调节可使环境变得更加舒
减轻生理上的疲劳，增强工作的情趣，提高劳动效率。反
如果使用不当就成为一种视觉污染，加剧人们工作、生活的
张感。

颜色不只是伪装设计给产品覆盖上的一层涂料，颜色在伪装设计的
用下不再简单附属于产品造型的一部分。颜色具有其他语言
文字无法替代的效果，它甚至能够超越各年龄层和各文化间
障碍。经研究表明，颜色为产品的信息传递增加了 **4%** 的受
改善人们理解力的幅度达到 **75%**。设计师合理应用富有
魅力的颜色，不仅可以使产品脱颖而出，成为关注的焦点，
且能够更迅速、更有效地向人们传递产品的信息。

酒水品牌 Smirnoff 邀请智威汤逊（JWT）为他们的果汁酒 Smir
Caipiroska 设计包装 （见图7.3）。该包装使用水果本身的纹理为
瓶包裹一层薄膜，共有三种口味，柠檬、西番莲和草莓，抓
包装时感觉好像在剥开一枚水果。

同产品的颜色相比，人们对于功能和形状的知觉行为往往更趋于理
接受，而颜色的选择则出于本能与直觉，多是感性的。所
同一形态的产品可能由于颜色因素产生完全不同的感觉，而
来产品畅销与滞销的天壤之别。任何产品为了推销，必须吸
消费者的注意，在这个层面上，颜色起着比外形更强、更直
更快速的作用。因此，合理的颜色设计有利于增强工业产品
市场上的竞争力 （见图7.4）。

▶
图 7.4 单手向包装中间轻
轻松松一推，就可以简单快
速地打开速食燕麦片的包
装。包装两侧采用了红色，
红色本身有警示的作用，加
上三角形造型的衬托，向消
费者表示了包装盒的开启
方向。

图7.5 通过颜色，实现局
部分割和关联。

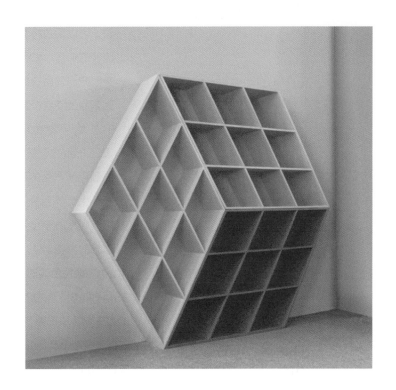

7.1.3 伪装颜色设计的方法

A. 伪装颜色设计的作用

通过不同的颜色设计可以直接地影响观察者的视觉感受。运用颜色可以实现形态的表面分割，产生视觉的中心，甚至改变不能令人满意的比例关系等。其作用可以归纳为以下几点：

▶ 实现各局部的分割或关联。产品造型中的各个局部可以通过使用恰当的颜色在视觉上实现互相分割或互相关联，使产品在视觉上达到统一中有变化。这种处理方法又可以分为两类：一类是对不同的产品采用同类颜色（或套色），使产品达到家族化和系列化，此类方法又被称为颜色（质感）的横向设计，在企业 VI 设计中占有重要地位；另一类是将同一产品进行不同颜色的分割设计，以期产生多样化，丰富产品形式，此类方法被称为颜色（质感）的纵向设计。例如，Sudacas 书架的外形灵感来源于三阶魔方（见图7.5），3 个相同的菱形组按照不同的颜色和方向组合固定而成，在颜色的帮助下一眼看上去给人以 3D 的错觉，与魔方相似度高达 99％。内部小菱形的方向不同，也提供了两种置物高度。

▶ 实现视觉比例的调整。在产品的结构受到限制而无法改变

▲
图 7.6 使用不同颜色的搭配，大体积的产品可以从视觉上伪装设计成修长的风格效果。

时，可以通过将其表面分隔出不同的色块来实现产品视比例的加强、减弱或改变等调整^{（见图7.6）}。

▶ 突出产品造型中的重点。在产品的重要部分或者运转部上，涂上纯度极高的颜色，可与产品的其他部分产生强的对比，同时也起到了突出重点或警示的作用。

▶ 表现产品的重量感。在产品的颜色设计中可以通过不的颜色所产生的不同的轻重感来恰当地反映产品的属一些大型产品使用浅色来避免其过大形体所产生的笨感^{（见图7.7）}。一些小型产品的底部会运用深色来加强其稳稳重的感觉。

B. 伪装颜色色调的选择

评价伪装设计的优劣，关键要看其整体性。整体性强的产品在颜色位上主要解决的是产品的色调问题。产品的色调也称为基是指支配整个产品的主题色感。无论产品颜色数目多少，它总有一定的内在联系，使之呈现出统一的整体色调。当一组色匹配时，其中单个色的颜色力量会被其他色所均衡，最终体颜色组合后的色调所营造出来的色感，或明快，或沉静，或闹，或舒缓……

色调的种类很多，按色性分，有冷调、暖调；按色相分，有红调、调、蓝调等；按明度分，有高调、中调和低调。不同的色调使人产生不同的心理感受而具有不同的功能。因此，在产品调设计时必须满足下列基本要求：

▶ 满足伪装设计功能要求。伪装设计有自己的功能特点。品的色调设计必须考虑伪装设计与产品设计要求的统一

▶
图 7.7 这款座椅设计将两侧的支撑板采用透明亚克力板制作，设计师以简洁为目的，将整个座椅支撑部件改为了透明材料，从视觉上将座椅的体积改到了最小。

使用户加深对产品的欣赏，这样有利于产品设计质量的进一步提高。例如，消防车的红色基调，医疗器械的乳白色、暗灰色基调，以及军用车辆的草灰色基调等都是基于产品的物质功能选择颜色的。

▶ 人机工程学的要求。不同的色调使人产生不同的心理感受。适当的色调设计使人产生舒适、愉快和振作的感受，从而形成有利于使用者的工作情绪；不适当的色调设计会使人产生疑惑不解、沉闷的感受。因此，如果色调设计能充分体现出人机间的和谐关系，就能提高使用时的工作效率，减少差错事故并有利于使用者的身心健康。例如，机床的底座采用灰色调，给操作者以稳定的感觉；红色是强烈的刺激色，多用于提示危险的标识、火警、消防栓等；黄色是醒目色，通常用作警示，在电动工具的设计上比较常见；而蓝色具有平静、凉爽的特点，在工业中常用作管理设备上的标识；相对柔和的绿色，对人的心理很少有刺激作用，不易产生视觉疲劳，给人以安全感，在产品设计中多用作安全色……

▶ 颜色的时代感要求。在不同的时代，人们对于颜色的要求也不一样，产品的色调设计如果能考虑到流行色的因素，就能满足人们追求时尚的心理需求。如今，全球化使国际消费文化、时尚文化交流日益频繁，流行艺术文化在改变各地消费者的美学观念和消费观念的同时，设计师也应极力适应或跟随流行色的变化趋势。

除此之外，色调的设计还会受到诸如民族、地域、企业文化等其他因素的影响，也需要加以关注。

7.2 质感设计

不同的产品制造材料不仅关系到产品的造型、功能和结构，也使产品具有不同的外观质感、不同的功能作用和不同的使用价值。伪装设计在设计选材时，不仅要综合分析选材的材料特性、加工工艺、生产成本及市场现状等方面，还要考虑选材在伪装设计使用后使消费者产生的心理影响效果。确切地掌握消费者对产品形状、质感、风格、颜色等心理属性的认知，充分研究材料的感觉特性及其在伪装设计中的应用，已经成为当今产品设计的重要内容。

7.2.1 质感

质感是基于生理基础之上的，通过感觉器官对材料产生的综合印象。人通过视觉、听觉、嗅觉、味觉和触觉对材料表达出相应的反映，五种感觉器官使人从材料表面特征得出信息，是人对材料的生理和心理活动。质感可以用来影响产品材质对人的生理和心理活动，即物体表面由于内因和外因而形成的结构特征。

质感是伪装设计基本构成的三大感觉要素（形态、颜色和材质）之一。质感是产品构成材料和构成形式不同面体现的表面特征。伪装设计常使用质感的两个不同层面的属性：一是生理属性层面，人的触觉和视觉对材料表面产生的代表性信息，如软硬、粗细、冷暖、凸凹、干湿、滑涩等；二是物理属性层面，产品表面传达给人知觉系统的意义信息，也就是物体的材质级别、价值、性质、机能、功能等。

利用材料的表面处理工艺进行设计加工是伪装设计的重要设计手段，赋予产品新的物质功能和精神功能。质感是产品造型的外层附着元素，虽不会改变造型本身，但由于它具有较强的感染力，不同的使用方式可以使人们产生截然不同的心理感受，这也是当今在工业产品中广泛应用表面处理工艺的原因所在。

由于人们感受产品的材料主要依靠触觉和视觉，所以可以分别通过触觉质感和视觉质感进行伪装设计。

▼
图 7.8 金属 3D 打印的剪刀。

A. 触觉质感

触觉质感是人通过双手或皮肤触及材料而感知的材料表面的特征，是人们感知和体验材料的主要感受。触觉质感一般体现为用户对材料的生理感受和心理感受。生理感受主要由人的温觉、压觉、痛觉、振动觉等组成。心理感受则根据材料表面特性对触觉的刺激性，分为舒适感和厌恶感。触觉质感与材料表面组织构造的表现方式密切相关。材料表面微元的构成形式的不同是带给人不同触觉感受的主要原因。材料表面的硬度、密度、温度、黏度、湿度等物理属性都会形成人的不同触觉感受。充分利用不同材料各种物理属性的综合作用使人产生的不同触觉感受，在进行伪装设计时可以根据使用要求选择不同的触觉材质。

例如，造型上没有别具匠心的突破的剪刀（见图7.8），在表面保留了金属3D打印的层叠痕迹，3D打印的层叠效果丰富了整把剪刀的造型，用户在操作剪刀时能够直观地感受到剪刀中蕴含的现代技术体验，剪刀因此而充满了层次和韵味。

B. 视觉质感

视觉质感是靠眼睛的视觉来感知的材料表面特征，是视觉感受后经大脑综合处理产生的一种对产品表面特征的感觉和印象。质感对视觉感官的刺激，因其特性的不同而产生视觉感受的差异。材料表面的颜色、光泽、肌理等会产生不同的视觉质感，从而形成材料的精细感、粗犷感、均匀感、工整感、光洁感、透明感、素雅感、华丽感和自然感等。

视觉质感是触觉质感的综合和补充。长期以来，人类拥有了大量的触觉感受，随着一次次的重复体验，当看到某一物体时，触觉感受会自动在大脑中形成反射，这便间接辅助了视觉感受。由于

.9 "冰封" 刀具。

视觉质感相对于触觉质感具有时间和距离上的优势，对于手皮肤难以接触的物面，只能通过视觉综合触觉经验进行估算，因此视觉质感也就成了伪装设计的着手点。

例如，刀具包装的外观酷似冰棍^{（见图7.9）}，透明材料很好地模拟了冰的效果，起到了刺激视觉和吸引消费者的作用，"冰封"的设计语义既给用户增加了安全感，也给用户带来了无限遐想。

通过上述案例可以总结出，以利用各种材料的表面处理工艺为手段，通过别具一格的质感可以达到触觉质感的错觉。例如，在工程塑料上烫印铝箔呈现质感；在陶瓷上真空镀上一层金属；在纸上印制木纹、布纹、石纹等，在视觉中造成假象的触觉质感，这在伪装设计中应用得较为普遍。只有充分认识和了解材料的感觉特性，才能在设计中进行合理的运用。此外，由于材料的质感是人们对材料的综合印象，在伪装设计中要根据产品特点对材料的视觉质感和触觉质感进行科学表达，从而带给人愉悦的生理和心理感受。

7.2.2 质感设计的分类

"人性化"是当代设计的准则，在伪装设计中，材料感觉特性的应用要体现出对人们触觉、视觉等感官的满足，并由此引起人们情感上的愉悦。

A. 自然质感的应用

材料未经任何处理和加工前的质感称为自然质感，包括了材料自身的组成成分、物理化学特性和表面肌理等物面组织所显示的特性。自然质感是材料与生俱来的，每一种材料都具有自身固有的材质和美感，自然质感丰富了产品造型的表现方法。虽然随着科技的进步，材料的加工工艺得到了飞速提升，但人对于材料的自然质感的喜爱程度并没有被削弱，在一些产品领域甚至有增无减。根据设计心理学的分析结果，现今人们的心理审美倾向更关注于自然质感的天然性和真实性。合理地运用材料原始的感觉特性，可以通过材料的真实感和朴素含蓄的天然感来达到造型的自然性与和谐性。

在伪装设计中，要以所选材料的质感与人们情感的关系作为尺度来进行考量。人们自古以来就对天然、原始的自然材料有亲近感，从心理上更容易与人产生共鸣。根据市场调研后发现，与人类情感最密切的材料是生物材料，如棉、木等；其次是自然材料，如石、土、金属、玻璃等；再次才是非自然材料，如塑料等。在伪装设计中，选择与人类亲近的设计材料往往能拉近产品与消费者之间的距离。

B. 人为质感的应用

人为质感即材料自身经人为加工处理后，具有了非自身所特有的表面特征。人为质感的应用拓展了材料的使用范畴，更好地满足了伪装设计的需求。表面处理技术的多样化，增添了人为质感的种类，材料可达到同种材料不同质感和不同材料相同质感的效果。在产品设计中，由于某些客观的因素使得产品只能选用固定的材料，这样便约束了产品的表面质感。巧妙地利用人为质感进行伪装设计，可以使得产品的质感在统一中求得变化，具有明显的装饰性。现代化的加工技术为伪装设计提供了客观条件。例如，铝材饰面采用如腐蚀、氧化、抛光、旋光、喷砂、丝纹处理及高光、哑光、无光等面饰工艺，现代技术可以为基体材料产生出不同质感；工程塑料饰面，可进行涂装、电镀、喷砂、烫印等处理；玻璃饰面，可作冷加工、热加工、磨刻、蚀刻、喷砂、化学腐蚀等处理；同一种木材，作横切、纵切、弦切处理，而产生断面纹、直面纹、斜面纹、涡纹、带状纹、皱状纹等纹理变化，成为丰富的视觉质感系列；纸张饰面，可作上胶、上光、砑光、制皱、压印、涂布等处理，产生不同质感；泥饰面，可作水磨石面、水洗石面、水刷石面、拉毛面、砍石面、硼砂酸浸、氟化面等处理。

利用化学表面加工处理的方法对物面固有质感做加工处理，产品表面会产生新的非自然质感，可以使不同的材料具有统一的质感，这种处理效果本身其实就是伪装设计。例如，塑料与金属，同样作镀铬处理，能产生完全一致的铬金属表面质感，掩盖了材料原来的固有质感。又如，任何材料在表面作喷涂处理后，得到的是同样的漆面效果^(见图 7.10)。人为质感通过它的伪装性，可以弥补材料本身质感的不足。如在手机设计中，为了求得高科技感和贵重感，往往把手机的塑料外壳喷涂成具有金属质感的效果。

在产品设计中，自然质感的表达满足了人们向往自然的心理要求，人为质感的合理使用增强了产品的时代感和高科技感^(见图 7.11)。对自然质感和人为质感进行合理地综合运用，则能使产品既有时代感又富有自然气息。

C. 质感在伪装设计中的作用

质感在伪装设计中的合理运用，对于提高伪装设计的适用性，增加伪装设计的宜人性，塑造伪装设计的精神品位，达到伪装设

.10 SIEMENS 手机。

▲
图 7.11 BMW GINA Light
Visionary 概念车。

计多样性，以及创造全新的产品风格等，具有非常重要的作用

此外，通过对自然质感和人为质感的应用，伪装设计可以

产品的类型、特征、风格等与所选择材料的感觉特性相匹配

使产品的颜色、光泽、肌理、质地等达到和谐统一，以充

体现产品的材质美感，从而满足人们的生理感官需求和审

心理需要。

▶ 保证伪装设计的发挥。在伪装设计中，充分利用材料的质感

对于充分发挥伪装设计的功能，提高伪装设计适用性具

很好的作用。

▶ 提高伪装设计的宜人性。质感的合理使用可以提高伪装设

计整体的宜人性。开发材料在伪装设计中的使用方式，

颜色、肌理、质地上进行合理配置，能让伪装设计带给

户新的生理和心理的综合感受，使产品具有深层意义，

仅仅局限于其使用价值，更多地提升了产品的附加价值。

▶ 升华伪装设计的感染力。在伪装设计中，材料的质感被运

到产品设计中时，会提升产品的内涵，会使构成产品的材

除了满足技术要求外更符合用户的需求，使伪装设计具有

生动、更强烈的艺术魅力。为了实现从实体到意境的飞跃

要熟悉各种材料的感觉特性，把握好各种材质的对比效果

从伪装设计的整体出发，注意伪装设计的整体和谐。

▶ 促进伪装设计的创新。材料的品种和表面处理工艺的发展，使得通过材料传递给用户的信息越来越丰富，这也使得伪装设计的表现形式更趋多样化乃至形成全新的产品风格。良好的人为质感设计可以替代和弥补自然质感，达到伪装设计的多样性。此外，在伪装设计中，众多新材料为充分挖掘材料的潜力提供了客观条件保障，并运用非传统的手段加工处理材料，合理而大胆地把差异很大的材料组合在一起，从而创造出令人惊喜的、全新的伪装设计效果，以达到伪装设计的最终目的。

20世纪末是产品设计崛起的高潮，材质的混合运用及变化是一种充满惊喜的新经验。正确掌握材料的质感，是伪装设计的重要原则。对于伪装设计来讲，要及时而充分地了解材料的特性，掌握新技术、新工艺、新材料的发展趋势，运用适当的方法来处理适当的材料，最大限度地发挥材料的特性，从材料的质感中获得最完美的结合和表现力，从而实现伪装设计的完美表达。专注于挖掘材料固有的表现力和新的加工工艺，在设计中充分表现材料的真实感和朴素、含蓄的天然感，以深刻体现现代人在高科技时代对于自然本质的追求。自然材料的特有功能满足了人们向往自然的心理要求，运用适当的技巧处理适当的材料，最大限度地发挥材料各自的特性，提炼出各种材料的特殊质感中最完美的搭配方式和替换规则，给人以一种自然、丰富、亲切的视觉和触觉的综合感受，真正解决人类的需要，使伪装设计更好地服务于人。

图7.12 花瓶中央的凹形起了吸引消费者注意力的作用，也同样成为整个产品中心主题。

7.3 产品造型的局部处理及调整

产品造型的局部处理及调整同样是伪装设计的主要内容，也是伪装设计的关键过程。对于许多民用产品和产品的人机操作界面来讲，伪装设计的大量工作都属于这种细部造型设计。局部处理与调整要以形态的修辞方法、形态认知心理、美学原则作为主要理论依据，特别是要围绕伪装设计的过渡、呼应、对比、协调、比例等的关系进行，同时还要结合产品自身的实际功能（见图7.12）。

7.3.1 具体尺度的人机工程学确定与校正

在产品设计中，如何提高产品对使用者的适应性是伪装设计研究的主

要内容。利用人机工程学的原理对产品造型中的尺度关系进[行]
深入的分析，确定具有较好适应性的产品，以满足人对于产[品]
的生理和心理需求。伪装设计是依据人体与产品的接触面和[触]
摸形状进行设计的。

轮椅是残疾人必备的交通工具，目前市面上所有的轮椅都是通过轮[子]
向前运动产生动力而前进，虽然现在也有很多电动轮椅，但[大]
多还是以人为动力的。但在专业的医生和科研人士看来，这[样]
其实对人们的肌肉是有害的，长期使用可能造成肌肉的损伤[。]
基于减少轮椅使用人员肌肉损伤的研究目的，RoChair 公司[推]
出了同名的 RoChair 轮椅（见图 7.13）。从外观上来看，它跟现[在]
市面上销售的大多数轮椅一样，不过也有一些区别，而区别[就]
在于它的轮子上。RoChair 采用向后驱动从而产生前进动力[，]
用户需要不断用手将轮子向后滚动，这样轮椅才能向前进。[研]
究人员认为这种运动方式可以减少一定的阻力，能够使用户[的]
手臂和背后的肌肉更加自然地运动，不会造成肌肉的损伤。

7.3.2　局部造型的处理

局部单位的造型也是伪装设计的重要对象。缺乏深入的局部造型设[计]
的产品在使用过程中，人的视线无所适从，四处游走，给人[以]
空洞、乏味的不良效果。一个优秀的伪装设计，其局部的深[入]
设计是不可或缺的，它们在形态中起到画龙点睛的重要作用[，]
例如按钮、棱角、尾部、把手等的精细设计。局部造型的设[计]
主要考虑其功能、结构等限制因素而加以设计，并结合整体[的]
造型特征，最终取得理想的伪装设计效果（见图 7.14 ~ 图 7.17）。

7.3.3　基本视觉元素的校正

在产品方案确定的情况下，要对视觉元素的点、线、面的几何关系[和]
心理感受进行最佳化的调整，这些调整往往只在毫厘之间，[却]

▼
图 7.14 字是信息传达的媒
介，产品上的任何文字都可
以起到丰富造型的作用，若
很好地利用产品上的一切文
字，消费者的注意力会首先
集中到文字上。伪装设计通
过文字可以控制消费者的视
觉。酒瓶盖如果去掉所有文
字，那么整个产品设计将会
逊色很多。

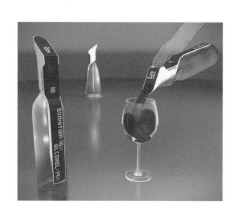

会产生完全不同的两种视觉感受。

这些形态视觉元素主要有点、线、面、颜色、肌理等，它们的可变因素有长短、粗细、方向、疏密、位置（构图）、曲直、颜色的色相、明度、纯度等。设计师需要对这些可变性因素进行反复周密的调查和视觉感受的测试，以确定最佳方案（见图 7.18 ~ 图 7.19）。现代的计算机辅助设计技术为这种校正设计工作提供了传统设计手段无法企及的便利。

A. 视觉错误

人类对于 80% 以上的外界信息通过视觉获得，因此，视觉当之无愧成为人类最重要的感觉手段，是人类认识事物的主要信息来源。消费者对于产品造型的认知主要是通过视觉来实现的。同样，视觉并不能完全地传递物体的准确信息。在这一感知过程中，视觉信息会由于受主观和客观等因素的影响，产生与客观状态不一致的信息反馈，从而造成了视觉上的错误。这种视觉错误虽然有时会由于不能传递正确的信息而带来一定的问题，但有时设计师又可以利用这种视觉错误的原理而产生一些特殊的效果，从而克服一些产品造型中的缺陷所产生的不利影响。视觉错误大量地被应用于伪装设计中，成为伪装设计研究的一个重要课题。

人对于事物的认知习惯以"眼见为实"为标准，按照通常的理解，即人通过视觉所感知的信息才是正确的。然而事实上，眼睛经常会被欺骗，人看到的东西并不一定和触摸到的感觉一样。伪装设计就是要利用这种由人的视觉造成生理或心理对外界因素综合作用而产生的与客观事实不相符的错误感觉。视觉错误一般分为形状的视觉错误和颜色的视觉错误两大类。形状的视觉错误主要有长短、大小、远近、高低、幻觉、分割、对比等。颜

图 7.17 将表的 12 个刻度设计成了金属板镂空效果，利用伪装设计将消费者的注意力集中到了这些细节上，从而分散了其他部件的注意力，也就降低了产品其他部分的开发成本。

▼
图 7.18 座椅上的 LED 光带吸引了消费者的目光，为产品的大体积起到了分散消费者注意力的伪装辅助作用。

色的视觉错误主要有光渗、距离、温度、重量等。

视觉错误是普遍存在和不可避免的视觉现象。在平面设计、服装设计、室内装饰设计等设计领域，视觉错误均受到关注和研究，得以广泛应用。例如，在平面设计中，巧妙地运用视觉错误产生了许多经典的设计作品，许多宣传海报等都是经典的觉错误利用的案例。在服装设计中，可充分利用视觉错误来"错为美"，通过长度视觉错误、分割视觉错误、角度视觉错误以及对比视觉错误等，调整服装的造型，弥补体形和脸形缺陷，塑造出人的完美形象，给人以美的享受。室内装饰计中的矮中见高、虚中见实、粗中见细、曲中见直和冷调温都是巧妙运用视觉错误而产生的效果。

B. 视觉错误在产品伪装设计中的应用

产品设计涉及众多因素，包括人机、消费者心理、环境等因素，在此，结合产品本身的设计因素与伪装设计，主要从图形、颜色、质感、光影、图底反转等角度来分析伪装设计在代产品设计中的应用，使产品设计更加完美，使产品更消费者青睐（见图 7.20）。

伪装设计是一种传达，也是一种沟通。通过基本视觉要素如图形、色、材料、肌理等辅助产品设计更好地传达信息，通过视觉官和视觉心理接收、分析和判断信息，从而实现产品与人的通。因而，对于伪装设计，视觉要素的运用具有重要的作用，视觉错误作为视觉的普遍存在现象，它是集视觉引力、视觉味与多重内涵于一体，恰当地在伪装设计中加以运用，会给品注入新的生机和活力，既可以增加视觉上的美感，又可以高产品的情趣和个性。因此，加强人与产品的情感沟通与互交流。同时，将其运用到产品的系列化设计中，成为产品的象特征，则对于产品品牌形象的推广和品牌价值的再创造具重要的意义（见图 7.21）。

在伪装设计中，正确运用视觉错误现象，可以使研发的产品更符合们的视觉要求。例如，在产品造型中处理形体尺寸关系时，果要求使较大的形体变得小一些，使其与其他形体相适应，以将形体涂成深色，使它具有缩小感，反之用浅色可以使形有变大的感觉。同样，在产品造型设计时，有时为改变高宽寸的比例关系（除了对实际尺寸作调整外），为了加强某个向的长度感觉，可以沿此方向增加几条分割线条、装饰色或带，或利用木纹方向，可以获得此方向尺寸增大的感觉。

.19 这款看上去无比神奇的产品其实是一个浮云版蓝牙音箱，是 Richard Clarkson 设计工作室和 Crealev 科技公司共同在 Making
ther 这个合作项目中设计的一款产品，这个浮云音箱由手工打造的涤纶纤维云朵和磁力基座构成。涤纶纤维的质感很好地模拟了云朵
时的状态。众所周知，云朵是由气体组成的，为了进一步引导用户把云朵与棉花区别开，云朵里面内置的 LED 灯实现了电闪雷鸣的
效果，灯光会配合播放音乐的节奏有韵律地进行闪烁，云朵在音乐播放时自动旋转，这便辅助了用户将云与棉花做了区分。

▲
图 7.20 这是 h220430 团队设计的一款气球椅子，气球采用纤维增强塑料制成，材料具有良好的机械性能，气球和椅子都被固定在墙壁上，通过簇拥在一起的气球隐藏了支撑点，从远处看就像是被气球吊起而悬浮在空中的椅子。

人们观察物体时，由于观察位置不同，所得到的视觉效果也不同，位于视平线以上或以下，物体的形体和尺寸要发生变化，是透视作用产生的错觉。例如，观察高度等分物体时，由观察点位置不同，等分尺寸变得不等分，越向下越短，看到的视野范围也不同。因此，设计时应考虑视觉错误现象，先加以纠正，立面分割从上到下依次增高，但透视尺度是于相同的，这样看上去效果较好。又如，方腿的边长和圆的直径相等，使用功能一样，但透视效果不同，方腿显得粗，圆腿显得秀丽。因此，设计时将方腿改为圆腿，或者把方的正方形断面加工成圆角以及内凹的弧形都可以使产品变

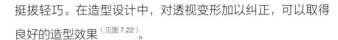

挺拔轻巧。在造型设计中，对透视变形加以纠正，可以取得良好的造型效果（见图7.22）。

现代产品尽管是由材料、结构、工艺和设备来实现的，但是它最终要通过视觉传递来表达形态美。因此，在造型设计中，如何体现出产品的美感，设计师除了应考虑物质技术条件外，还应该研究视觉中存在的视觉错误现象与规律，才能按照"以美的规律来塑造物体"的原则，设计出既有使用价值又有审美价值的高质量产品。

.21 这款没有灯泡的亚
台灯由一个木制基座和
亚克力灯罩组成，灯罩
一块扁平的亚克力板，上
制的花纹给人立体的视
觉，灯光沿着花纹散发
来，很柔和。

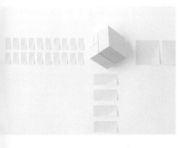

.22 这款便利贴中包含
们平时常用的三种不
寸的便利贴，可以用
做书签、提醒、记录，
果有一部分被用掉了，
块的立方体依然不影响
美感。

伪装设计辅助
建立品牌形象
142…161

8.1　品牌

品牌作为一种商业化的产物，是公司和公司产品的识别符号与标
更是消费者身份、地位的象征以及个人喜好、品位的标签。
互联网时代，由于新的社交化媒体的出现，信息传播大爆
信息的扩散半径得以百倍、千倍地增长，频繁出现"一夜成
的案例。现今，信息已经从不对称转变为越趋对称，信息传
速度暴增，影响范围空前扩大。互联网信息是中心化的传
通过社会化媒体，每个普通人都是信息节点，都有可能成为
见领袖。信息对称让用户用"脚"投票的能力大大增强，因
互联网时代的用户口碑极为重要，许多品牌的崛起都是依靠
牌传播。例如，谷歌、华为深谙此理，提出了"以客户为中
以奋斗者为本"的理念。伪装设计所表现出来的产品设计风
形态、材质等品牌元素，很多设计特征符合树立品牌形象的
求。使品牌与产品的联系更加紧密，产品成为品牌的物质承
这就需要产品以更加出色的伪装设计方法来满足建立品牌形
的要求，产品需要展示更多的价值层面和更出色的质量。同
一种产品只有能够得到消费者信任、认可与接受并能与消费
建立起互动关系，才能使标定在该产品上的品牌得以存活。
品牌是一种个性鲜明的文化，是企业经营理念、消费者消费理念与
会价值文化理念的辩证统一。品牌的文化内涵是企业与消费
进行情感交流的基础，是最有价值、无法模仿和替代的部
消费者与品牌在最近距离上的交流就是与产品的交流。产品
不会说话的，但品牌可以赋予产品"话语权"。品牌以其丰
的精神内涵和文化底蕴支撑产品，把产品中无形的，仅靠视
听觉、嗅觉和经验无法感受到的品质公之于众。很多家长和
子都有过这样的购物体验，购买玩具时看着很漂亮，买回家
拆开包装发现里面的玩具与盒子上面印刷的不同，即便是透
的包装也会有材质触感上的偏差，直接导致客户对所购玩
的品牌认可度的降低。美国著名玩具公司孩之宝 (Hasbro)
破了包装的理念，将包装盒上开了一个洞 ^(见图 8.1)，这个创新
很需要胆量的，当然也成为其产品的品牌特征。包装的目的
将产品保护好，这是包装的根本作用。孩之宝公司将包装于
的原因是让孩子不仅可以看到玩具本身，还可以透过包装摸
玩具本身，这就让消费者对产品有了触觉，完全能够感受到
具本身，从而使得孩子们更加关注和喜爱产品。

在世界经济一体化，企业参与全球分工的情况下，因为地区经济发展不平衡，逐渐形成了 OEM（制造代工）、ODM（设计代工），OBM（原创品牌）三种不同的经营状态。OEM 型企业没有直接掌握品牌和市场，只能取得微小的收益，一旦需要直接参与市场竞争，就失去了竞争的能力。随着消费者需求层次和市场竞争程度的提升，一场异化的以品牌为核心的产品设计已经成为竞争的主流，因此，21 世纪将是品牌的世纪。对于品牌的塑造，不仅要靠广告宣传和市场营销，还需要重视结合品牌识别的产品自身的形象设计。产品设计师的职责就是不断地通过对产品形态、色彩、材质等的设计，延续品牌一贯的风格和个性，从而持续在消费者心中树立品牌形象，最终实现超脱实体功能技术层面的高附加值。

今天看到的许多世界知名品牌都经历了不同寻常的发展历程，通过不懈的努力，取得外在和内在风格的一致性，形成了鲜明独特的核心价值和附加价值，不仅满足了消费者的使用需求，更体现其情感需求和价值取向，成为商业社会的成功者。例如，德国 Siemens 公司作为世界级的大企业，其 16 个商业

1 "开洞"的包装盒在
产品的同时增加了触摸
的体验方式。

单元涉及的产品范围很广泛，从桌面电话、工作站到电力设备、运输系统等，所有这些不同种类的产品，通过产品形态设计明确表达了内涵性语义概念——现代的、高性能的，得产品设计和公司品牌牢固地联结在一起，每一个设计要都被用来加强 Siemens 品牌并传递其中体现的价值。又如丹麦 B&O 公司的产品则充分体现了北欧设计的"软功能主义"风格——逼真性与可靠性规定了高品质形象，易明性与精性规定了简约形象，家庭性与个性规定了对人的关怀。目前我国国内许多企业直接引进国外企业的先进技术或成熟产品，而不注意对其加以系统整合，不注意塑造自己的产品形象，当不同国家的产品同时集合在同一自主品牌下时，就会出现不同的风格，造成产品形象的混乱。

8.2 伪装设计与品牌的关系

8.2.1 伪装设计对品牌的作用

从上面的论述不难看出，树立独特的品牌形象和品牌个性对企业而言是多么重要，通过对成功品牌的分析可知，良好的伪装设计对于品牌形象应该具有以下作用：

► 保证产品设计的内在稳定性。稳定的品牌个性是持久地占据消费者心理的关键，也是品牌形象与消费者经验融合的要求。伪装设计需要维护品牌个性的稳定性，保持品牌具有的感染力，才能使之被消费者感知和接受。

► 保证产品设计的外在一致性。品牌所体现的个性与目标消费群体个性要相一致。

► 保证产品设计的人际差异性。品牌的个性特征帮助消费者认识品牌，区别品牌，留下印象，转化成品牌形象。

8.2.2 基于品牌形象的伪装设计原则

基于品牌形象的产品形态伪装设计应该遵循以下设计原则：

► 稳定性原则。无论是同一时间段内推出的产品，还是不同时期推出的产品，其形象都要体现出品牌形象的要求，伪装保持产品形象相对的稳定性（这种稳定性多是抽象理念的形式），从而树立起统一和唯一的品牌形象。

► 文脉性原则。在把形象描述转换成设计语言的过程中，设计线索和特征的选择必须体现品牌的设计文脉。不是停留在表面的"形式"层面上，而是寻求"意义"层面上

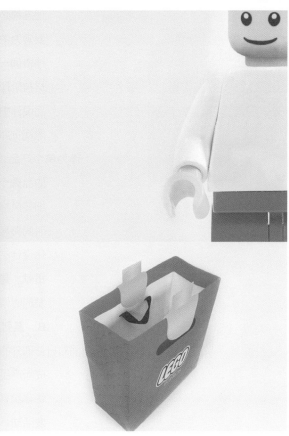

图8.2 这是一款为乐高玩
具设计的购物袋，使用者
会变身为乐高玩具的经典
形象，从前后左右都看不出
来。这款购物袋将提手隐
藏在袋子内侧，外部则设计
成和乐高玩具一样的玩具
手，当提着购物袋时，使用
者将手伸进购物袋中，乐高
玩具手则挡住了手臂一部
分，若是隐藏在袖子中，看
起来就像是使用者的手变成
玩具手一般。它的配色也
采用经典的红和黄，袋子
上印有圆点图案，阴影让它
产生立体凸起的效果，整体
看上去更加逼真，这款购物
袋的设计构思增强了品牌与
用户的关系。

文脉传承。

▶ 识别性原则。伪装设计要体现品牌个性，与品牌形象要求
相一致（见图8.2），从而使产品具备良好的识别性，从众多竞
争者中脱颖而出，这是伪装设计的基本要求。

8.2.3 伪装设计与品牌形象的统一

在伪装设计实施阶段，首先应该根据品牌形象对产品形象进行语义描
述，然后就要选取合适的伪装设计线索、伪装特征与伪装元素
展开具体的伪装设计。不同的伪装设计选择将直接影响最终的
产品设计效果，而影响伪装设计线索、伪装特征和伪装元素选
择的主要因素是产品既有的风格特征和品牌核心价值与个性的
指向。针对实际设计生产过程中的情况，要取得品牌形象的统
一，主要有两种方式，即单个产品自身整体要素的统一和基于
同一产品平台的系列产品的统一。

A. 单个产品自身整体要素的伪装设计统一

为了树立一个连贯统一的品牌形象，企业需要对所有种类的产品进行
有效的管理，使每个伪装设计要素都被用来加强品牌和传递体
现在其中的价值。就伪装设计自身而言，产品设计个性、品牌

理念都必须通过产品的视觉要素的整合，以视觉化的伪装设
要素为中心，将具体可视的产品外在形式与其内在的理念或
神协调一致。从伪装设计入手，总结出形态伪装、色彩伪装
材料肌理伪装等方面存在的共性，并将其贯穿于各个单独的
品设计中，并与品牌个性保持一致。只有这样才能形成强有
的视觉冲击力，创造出一种熟悉感、延续性和可信赖感。

作为单个产品，它同时拥有许多伪装设计细节，为了形成整体统
的品牌个性，保持并延续品牌形象，就要求所有的伪装设
细节风格统一并相互呼应。伪装设计延续品牌一贯的科技感
时尚感和舒适感，各个细节处理无不体现出科技带来的人
化设计。单个产品自身整体要素的统一对品牌形象最明显
贡献，是当品牌进行跨类延伸而在不同领域进行产品事业
发的时候，对品牌整体发展战略起着至关重要的作用。

B. 系列产品的伪装设计统一

面对日益细分的市场，为了满足不同消费需求，并能快速响应市场
成新产品的设计与生产，伪装设计通过产品平台和标准化、
块化组件的开发，进行系列产品或称为家族化产品的设计
发活动。从视觉传达的角度来看，任何一次产品形象的传播
留下的印象都是短暂的，所以，产品的品牌形象需要经过一
较长的伪装设计持续刺激过程，通过一些相似的伪装设计持
刺激，来不断加深同一形象，使消费者对其形成较为固定的
象。产品系列化或家族化开发形式中，新产品保留或延续了
来产品的某些伪装设计元素，形成一类相似的伪装设计风格
一些固定的伪装设计细节特点，通过对伪装设计共性的反复
调，使得产品系列和家族形成相对稳定和统一的伪装设计视
形象。这一特点使消费者能更容易地识别该产品是何厂家生
的，品牌是什么，提高产品品牌自我宣传作用。

系列伪装设计一般有三种设计方法：

　　▶ 组合伪装设计方法。

产品设计中人们的需求是多种多样的，其中有一些需求是相关联
为了增加产品系列的覆盖范围，吸引消费者注意，可通过不
伪装的组合设计来迎合市场。为保持视觉上的统一性，组合
装设计一般会采用统一的伪装元素，例如，伪装色彩或伪装
质，或整体和局部伪装形态的契合，运用相似的伪装元素等
法进行设计。

　　▶ 变换伪装设计方法。

8.3 变换伪装设计法增

了趣味性。

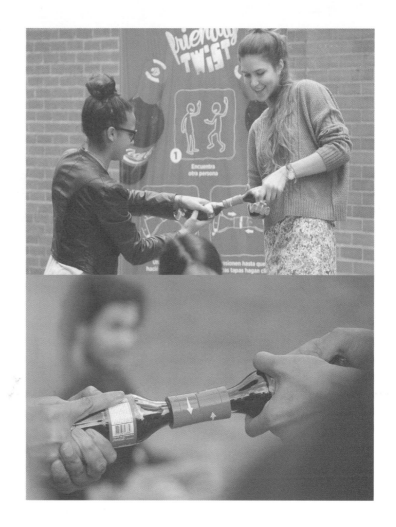

为了满足不同的功能需求，面对日益细分的市场，利用一组伪装功能
相同、伪装属性相同、伪装结构相同或相近，而尺寸规格及性
能参数不同的产品系列设计方法就叫作变换伪装设计。变换伪
装设计有纵向伪装变换和横向伪装变换两大类。其中纵向伪装
变换又分为完全相似的纵向伪装变换和不完全相似的纵向伪装
变换两种。完全相似的纵向伪装变换是由于伪装设计的某些伪
装元素出于功能上、使用上的限制，无论基本伪装元素如何进
行相似变换，总体伪装设计风格固定不变。横向伪装变换设计
则是指在伪装的基本元素上进行功能扩展，派生出多种相同伪
装类型所构成的伪装设计系列。

例如，可口可乐推出的需要两人合作才能开启的瓶盖^{（见图8.3）}，消费
者一个人很难打开瓶盖，而两个人将瓶盖顶在一起，然后朝
瓶盖上的箭头方向用力可轻松拧开瓶盖，通过合作的方式促
进了消费者间的情感交流，这种通过变换传统操作方法的趣
味性的设计让消费者的情趣和情感得到了情景交融的审美互

▶

图 8.4 不同使用功能的可
口可乐功能瓶盖。

动体验，让消费者与产品建立了一对一的互动，分享激情
分享快乐。这种趣味性的可乐通过社交媒体快速在市场上
播，使更多的人喜爱和赞美品牌。以交流作为噱头，实质
促进了购买量，以往顾客消费一次购买一瓶，而功能瓶盖
使消费者一次购买两瓶。当两人以上购买时，购买此种可
的概率增大。

此外，可口可乐的功能瓶盖^{（见图 8.4）}将可口可乐的使用价值从饮用升
为使用，延长了产品寿命，通过功能瓶盖将销售意图隐藏于
用功能下，功能瓶盖采用了变换使用方式的设计方法，同样
到了促进销售的目的。为了配合上端的功能瓶盖，使用者需
再次购买可口可乐才可以与功能瓶盖相配合。这些二次消费
被伪装在功能瓶盖后。功能饮料巨头可口可乐与奥美中国公
合作开展"第二次生命"活动，推出了 16 种可口可乐标志
红色的功能瓶盖。首先在亚洲推出免费功能瓶盖，可以轻松
空瓶变成画笔、水喷射枪、灯和卷笔刀等各种新工具。

▶ 模块伪装设计方法。

系列产品中的模块伪装设计方法主要是通过特定的通用件连接方式
结合表面以及结合要素，给用户一种特定情感的设计方法。

Chains 灯具的外形看上去特别像中国著名的小吃"糖葫芦"^{（见图 8.}
它给人的第一印象绝不是它本身作为灯具的作用，而是它不
寻常的外观。该灯具采用了模块化设计的理念，将一系列的
形灯罩组合在一起，以垂直的状态连接起来，从屋顶垂落而下

▼

图 8.5 可以无限拓展的灯
具，用户可以无限装载一个
新的单元上去。

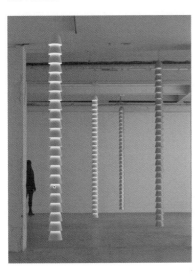

长度可以根据用户的需求制定，给用户带来一种再添加一个会更好的心理。

8.3　基于品牌的伪装设计方法

8.3.1　空间感的表现

产品受到体量和加工技术条件的种种限制，因此，以往的产品设计过程中多把产品当作一个实体来对待。随着时代的发展，人们的审美意识和水平提高，材料和加工技术突飞猛进，现代产品设计体现出了丰富的空间感特征。引入空间元素使得伪装设计更加锦上添花，虚实相应，更具内涵与美感。对伪装设计的空间塑造主要是通过改造体块，引入面、线要素，使用透明材质，分解元素等手法来实现的。

名为 Konis 的桌子^{（见图 8.6）}，桌面采用了混凝土材料，特色在于桌腿，利用多条钢棍搭成了几何结构，几何结构向内侧聚拢，呈现出头重脚轻的效果，整体看上去有一种悬空的感觉，以产品带动

6　以产品的结构形态
空间。

了空间，营造出一种置身于磁场的感觉。

伪装设计同样遵循着简洁为主的设计构思，对体块的改造也是在此础上进行的。要通过改造体块来增加伪装设计的空间感，主是通过对体块的面、边缘轮廓进行改造，塑造出新的具有空特征的伪装设计。

通过对产品表面进行弯曲变形处理，可创造出一个伪装设计的新的空形态；通过对产品表面进行切削处理，可使产品具有伪装设计空间感。伪装设计对产品的细节处理是设计的重点。对产品细的塑造，是很好地体现设计品质的方法，而对产品形态边缘的角处理往往还会提高整个产品的空间感，增加形态的内涵。

面和线这两种要素形成的形态往往具有不封闭、通透的特点，所以过引入面或线的元素，可以给产品带来丰富的空间层次感和透轻盈的形态感觉。

A. 使用透明材质

越来越多的透明和半透明的材质被用在产品设计中，这些材料以其富的视觉层次，塑造出美妙的空间感觉，丰富了产品形态的达语言。

B. 分解元素

分解元素是现代产品设计受解构主义设计思想影响的生动体现，其质是对解构主义的破坏和分解。解构不是一般的消除与拆毁而是打破现有单元化的秩序，也就是对其进行分解与重新的识与组织。它往往抛弃已有先例，从数学构形以及拓扑构成展开形态的研究，将所创造的形态形成相互关联、相互冲突无中心、变异、多系统、不稳定、动态与持续变化的效果。如，通过对平面成立体图形的叠加、互旋、非理性穿插、错的空间构成以及并置、散乱、残缺、突变、动态、倾斜、畸变扭曲等处理方法，发展了一系列与机遇和偶然相联系的设计法。概括来说，解构主义的设计形式不是一般的某种功能形态而更像雕塑，形态游离于"之间"，充满空间感。

8.3.2 体现生命力

艺术作品往往通过作品本身传递出某种生命的感人力量，引起受众理的共鸣，从而产生审美感觉。具有艺术审美价值的产品形也同样具有生命力般的表现形式。这主要是通过调整轴线、用曲线、丰富色彩等方法来实现的。

A. 调整轴线

垂直或水平的轴线会使产品形态表现出安稳的视觉特征，如果将轴进行倾斜或弯曲处理，产品的心理静力平衡就被打破了，从而会产生运动的趋势，使产品形态看起来更具活力。

B. 使用曲线

直线往往给人平衡、静止、稳定的心理感受，曲线则相对显得富有活力和生命感。所以，在产品形态设计中通过使用富有曲线感的线条，可以增加产品的活力，产生动感。

C. 丰富色彩

色彩对产品生命力感觉的影响是最直接、最有效的，因为色彩的信息传递是先于形态的。使用鲜艳和对比的色彩可以迅速增加产品的活力，产生年轻而富有生命力的感觉。

8.3.3 装饰主义手法

在满足基本物质需求的基础上，人们就有了追求生活品质的愿望。因此，装饰主义因其对高品位生活的象征，以及强烈的人文艺术感染力，悄悄在产品设计领域兴起。这里讲的装饰主义是将后现代主义中与装饰密切相关的内容——历史主义和地方主义纳入一个现代装饰的大谱系之中，它们可看成从装饰角度对现代主义所做的补充，也就是象征意义的弥补。新艺术运动和装饰艺术运动等前现代主义思潮与历史主义和地方主义等后现代主义思潮在时间上处于现代主义的前后，其核心内容经历了由重视装饰的美学意义到强调装饰的象征意义的过程，即由"唯美"到"语义"的转变。这种转变首先是 20 世纪中叶以来，欧美国家经济、技术、思想等因素发展演变的必然结果；其次，对现代装饰的探讨离不开现代主义这个对现代装饰演变走向起决定性作用的因素。现代装饰和现代主义是互为背景、互相影响的两个范畴，现代主义中的一些核心理念实际上印证和预示了现代装饰由"唯美"向"语义"转变的合理性。自然美和几何美、抽象美和具象美是"唯美"和"语义"两种装饰倾向的四个美学范畴，动感线条和造型符号则是两者所侧重的设计手法。装饰主义手法不仅满足了消费者更高的审美要求，更提高了产品的附加值，实现了良好的销售目的，因此，这种处理手法属于商业性的设计手法。惠普 TX 系列笔记本电脑不仅从技术上进行了改良，使产品具有更为自由和丰富的使用方式，而且通过装饰使产品更具美感。

著名设计师斯塔克（Philippe Starck）的设计作品中也经常使用自然或几何、具象或抽象的图案对产品进行装饰。斯塔克崇尚简洁的设计风格，着眼社会责任和人性化，作品中经常采用艺术性

的设计手法，表现出雕塑般的形式美感，传递着他那"将追
物质的世界变成充满人性的世界"的设计理念。斯塔克不断
造出流行的设计符号，成就了一个又一个的经典畅销产品，
至有人说"斯塔克的名字意味着销售量"。

8.3.4 情趣性伪装设计方法

情感是人对客观事物是否满足自己的需要而产生的态度体验，人
物质存在的情感沟通是通过交流来完成的。在伪装设计的
程中，不同风格与类型的伪装设计形式更能抓住消费者的
球，通过直观感受调动视觉感官，产生有吸引力、趣味性
互动过程。

情趣性伪装设计指伪装设计的某一方面，包括伪装设计的形态
功能、肌理、触觉以及产品的背景和相关的故事，更能
吸引消费者，同消费者产生一定的共鸣，创造快乐愉悦
具有审美体验的产品。随着信息时代的发展，人的压力
渐增大，精神生活相对匮乏，人们迫切需要精神层面上
放松。同时，也由于物质生活的丰富，人们对于产品的
求不仅仅停留在对物的基本功能的需求上，而是上升到
种心理精神等附加价值的取向上。特别是目前成长起来
"新新人类"，更是属于感性消费一族。此外，在后现代
义文化的背景下，新一代的产品除了继承了现代主义严
的功能、理性特点以外，越来越多的设计师不断将"情趣性
的审美元素融入产品的造型和功能中，新式材料和现代
术都被称为演绎新情趣的手段，创造出集实用性和娱乐
于一体，充满人文和艺术情调的可爱产品^{（见图8.7）}。用有
趣的形式唤起人们各种情绪的同时，企业也从中获得了
量的商业利润，"情趣"成为企业创新设计的源泉。情趣
设计就是在这一背景和前提下发展而来的，天马行空的
趣性产品更是成为流行时尚的标志，并成为未来社会设
发展的方向之一。

情趣性的产品设计继承了很多后现代主义语境下的设计语言，它利
设计本身给人造就愉悦的优势来达到一种非生命的产品与
的亲和和友善，更好地构架起产品与使用者之间的桥梁。概
起来产生情趣性的方式主要有以下几种。

A. 生趣

设计者可以从自然界的事物中进行形态的提取与概括，用生动灵活
伪装设计形态使产品产生趣味^{（见图8.8）}。

▼
图 8.7 "情趣性"的自然风
景元素通过伪装设计融入产
品的造型和功能。

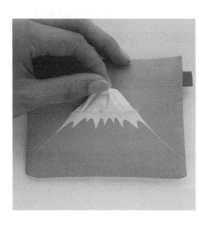

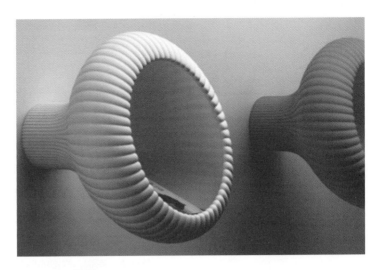

B. 机趣

设计者通过巧妙和机智的设计使产品具有良好的功能和形式^{（见图8.9）}。

C. 谐趣

产品用一种轻松、游戏的形式创造出幽默、滑稽的伪装设计形态^{（见图8.10）}。产品一般带给人们感受的方式是逗人解乐的形式。例如，有的产品开始看像鸡蛋，其实是个台灯，这类产品的幽默效果非常容易受人喜爱。

8.9 Nobilin 是一种帮助
化的药物。德国的 BBDO
告公司在其药片板背面，
计了一些猪、牛、鱼等高
动物模样的标靶，当取出
obilin 药片后，打开的包
就像瞄准这些容易让人消
不良的动物开了一枪，它
诉你，这些药丸到你肚子
面后就是这样高效率地进
工作。

D. 雅趣

产品中的雅趣是一种生活格调的体现，表现出生活的精致、高雅和讲究。此类产品主要是从生活的细节入手^{（见图8.11）}。

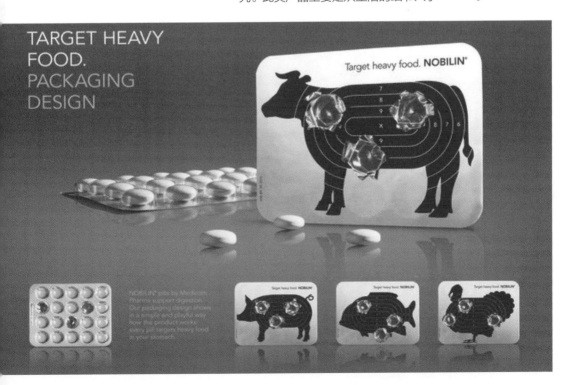

▲
图 8.10 通过伪装设计增加幽默效果。

E. 情趣

从情感角度出发，一般产品所体现的是甜蜜温馨的气氛^{（见图 8.12）}。

F. 稚趣

稚趣是人对无忧无虑的生活的向往、对童年的留念、对复杂世态的逃避和对人世险恶的恐惧。儿童的乐趣在于了无世故，一派天然。稚趣的产品没有太多的深度，多属于感官直觉类，相对肤浅，但讨人喜爱。其通常表现为色彩亮丽、活泼，多为具象仿生，功能上则提倡傻瓜状，简单易学。伪装设计的稚趣就是一些充满童趣的创意伪装设计^{（见图 8.13）}。

G. 奇趣

以出奇、夸张、怪诞的伪装设计形式使产品产生趣味^{（见图 8.14）}。

综上所述，一般在构思趣味性的伪装设计时可以从以下几个方面进行考虑：

▶ 可爱的伪装设计。例如，利用卡通形态、契合形态、律动形态。

▶
图 8.11 这款台灯外观是铅笔的模样，光源则被设计在橡皮处。其最大的特点是有一根 2m 长的黑色电线，设计师希望能表现出涂鸦的感觉，就像是用铅笔乱涂乱画一般。有了铅笔台灯在一旁装饰，电线再也不用被刻意隐藏，而是可以被有创意的你摆成趣味图案。或许你会好奇细细的笔尖如何支撑起整个台灯，这也是设计师经过多次尝试而采用的工程学方法。旋转铅笔的开关方式同样充满趣味，光线强弱也可如此调节。

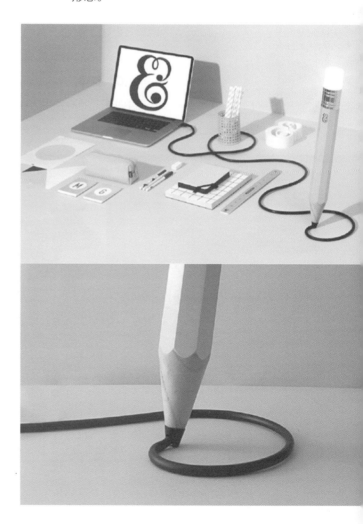

8.12 这款时钟由一面挂
口几只候鸟组成，同时起
□墙面装饰的作用。候鸟
□着季节的变化而进行南
□徙，以找到最合适自己
□的地方。在迁徙时它们
□成群体，还会有固定的
□，比如人字形、一字形
□是封闭群。在颠簸的路途
□们相互照应，共同抵御
□敌"，总给人以温暖的
□，同时也提醒了我们季
□迭代更替。这款挂钟上
□刻度，只有一长一短、
□一细两根指针，十分简
□。候鸟排成人字形，各有
□的飞翔姿态，羽毛细节处
□精致讲究,虽然全是白色,
□不会有单调之感，立体设
□加之室内光线，使其显得
□朴生动。

▶ 生动的色彩搭配。色彩设计对伪装设计的表达起着重要的
作用，在情趣化的伪装设计中色彩则更为重要。美国视觉
艺术心理学家布鲁墨（Carolyn Bloomer）认为："色彩唤
起各种情绪，表达感情，甚至影响我们正常的生理感受。"

▶ 合理运用材质。材质也是表现伪装设计视觉情趣语言不可
或缺的要素，对伪装设计的表达同样起着影响作用，伪装
设计的情趣语言在很大程度上来自于人们对它的触觉体验，
这种视觉和触觉的交融，让人们在使用产品的过程中产生
丰富多彩的情感体验。

▶ 设置巧妙的使用方式。伪装设计在特定的使用环境中能够
产生特别的情感联想，通过一次完美的使用体验来感受产
品的伪装设计趣味性，这才是伪装设计的最终目标。

8.4 伪装设计的识别性

今天，企业对待消费者无法像以前的传统手工艺人那样，采取一对一、
面对面的方式，世界的市场消费形式已经改变。在产品开发一
方和终端消费者一方之间，常常存在着巨大的物理距离——不
幸的是，巨大的心理距离也是经常存在的。在它们之间有一连
串的制造者、分销者和销售者的环节。

因此，企业有时会发现其产品对消费者日益失去吸引力，因为它们不
再关心消费者的需求和欲望。在这一点上，采取更多的广告刺

▲
图 8.13 表盘伪装成黑板，
涂涂写写的粉笔字勾起儿时
的回忆。

激、新的主张和给产品简单改型的做法都是非常危险的。
反，其结果是在产品的表面宣传和实际提供的利益之间导致
"信用危机"。改变信息却不能改变产品，这种方式治标不治
只能获得短期效益。消费者对产品的认知差异终究会导致对
品的失望。

这种方式就像男士服装店里的售货员，当消费者对某件西装不满
他简单地为消费者提供式样相同颜色不同的西装供其选择，
不是寻找问题的症结所在——例如，究竟是因为裁剪、尺
款式还是价格的问题。当然，一个更有效的办法是研究消费
对西装的希望和反应。同理，各个公司需要确信了解其消费
因为只有这样才能保持其产品的魅力。

某些公司应对危机的方法是由于竞争对手更加成功而毫不迟疑地模
对方。然而这种做法使其无法解决任何基本的问题。由于这
公司没有学会去理解消费者变化的需求，只能被动适应而不
主动进取，甘于追随而不是领导，因此只有努力工作才能得
与领导型企业同样的效益。IBM 公司通过其广告简洁地表
了这种杰出之处："只有过去能被克隆，未来则必须创造。"
袭模仿将永远不能学到如何创新。当然，决心生产仿制品，
生产好的仿制品作为你的目标也没什么不对。即便你不宣称
的产品是"真品"，消费者也会凭他们的知识判定是仿制品
购买，以较低的价格得到利益而不去购买正宗产品，这对他
来说是划算的。一旦产生了信用危机，就应当是模仿者转为
新者的时刻。

这种认知差异对于品牌是毁灭性的，因为品牌要求你是名副其实
和你所宣称的一致——体现某种同一性，而不仅仅是某个形
消费者寻找的价值是诚实，其所购买的是他们希望得到的
西——甚至有时他们允许自己被无伤大雅的梦想所欺瞒（诸
使用某种香水就会使自己对异性充满不可抗拒的魅力之类
想），但他们不希望被误导去相信那些实际未被科学证明的
西。随着消费者需求层次和市场竞争程度的提升，以差异化
品牌为核心竞争力的产品设计已经成为市场的主流。具有较
信誉度的品牌产品在市场销售中具有明显的竞争优势，它成
优良品质和服务的象征。而品牌在此过程中也树立起自身的
值，成为品质生活的象征。从此，人们购买大品牌的产品不
仅是为了得到好的产品和服务，同时还为了象征自己的身份
地位。品牌形象是一个包含产品品质、服务、品牌理念、宣

等多个内容的复杂整体，就伪装设计而言，设计师的工作主要是通过伪装设计，树立起产品形象，从而为品牌形象的塑造服务。具体到伪装设计中，就要求设计师赋予伪装设计一定的风格特征，从而树立伪装设计的可识别性。只有这样才能吸引消费者忠实于某种伪装设计风格，最终成为该品牌的忠实消费者。

利用伪装设计的细节不断强化关于品牌产品的某些特定的属性和感觉，从而产生某种熟识和经验，将有助于消费者迅速而正确地理解品牌产品所传达的完整信息，并由不同且相关的意义侧面构成品牌产品的感性形象。这主要包括伪装设计个性与伪装设计风格的一致性和系列伪装设计外在表现的一致性两方面的内容。

保持伪装设计个性与伪装设计风格的一致性需要研究伪装设计语言以及相应的伪装认知反应、伪装色彩的个性、伪装材料肌理的感觉、伪装设计细节的特征等，形成某些共识，并将其应用到设计中，使各部分的表现尽可能协调，并与品牌的个性描述相一致。要在伪装设计外在和内在的各个层面中，通过伪装设计的整体视觉传达系统持续一致地传递品牌含义，形成强有力的冲击，创造出一种熟悉感、延续性和可信赖感。

产品的品牌形象不是在短期内或经过一两件产品的形象就可以轻易形成的。它需要一个长期、持续的过程，通过一系列相似的伪装设计持续刺激，不断加深印象，形成统一的伪装设计形象。这

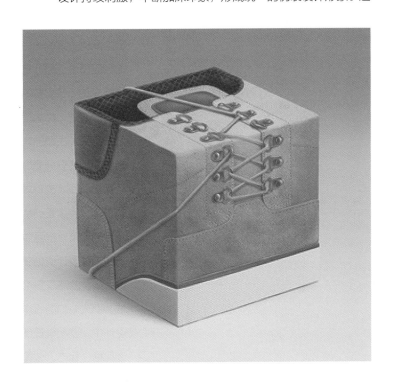

8.14 夸张的伪装设计带
意想不到的趣味。

使那些已经认同这种设计形象及其背后美学价值的消费者一
就能识别该商品是哪家企业的产品，使产品形态自身也具有
传品牌的作用。同时，这也降低了设计成本，还可以缩短设
周期，这就是保持系列产品外在表现一致性的重要性。企业
计开发产品时应该考虑到伪装设计的品牌概念和形象，伪装
计应注重与企业原产品的设计相延续，保留或延续其原产品
观的某些设计元素，保持伪装设计的继承性和稳定性，使伪
设计在视觉上形成共同的"家族"识别因素。常用的做法有
利用某种固定的伪装设计色彩搭配或伪装设计线型特征，以
在同一系列产品中应用共同的伪装设计材料、相似的伪装
结构、伪装表面处理、伪装设计功能特征等。

伪装设计能够成功印证识别性的重要性，通过伪装设计风格的确立
构成了企业经营中重要的无形资产，大大提高了企业的市场
争力。因此，在伪装设计中，要充分认识到这一点，合理利
伪装设计风格的基因，塑造出叫好又叫座的产品设计方案。

通过伪装设计在品牌和消费者之间确立独具特色的关系，是可以使
牌脱颖而出的品质。因此，要将这种品质传达给那些对品牌
际上没有经验的人们也是十分困难的。这就是设计师应该承
的任务：设计师以他的能力，将无形的伪装设计加以视觉化
创造体现，将伪装设计的理念转换为物质的实体。在品牌中
这正是设计所具有的决定性的作用。

企业希望将其产品或服务的品质传达给潜在的消费者，但与潜在消
者之间的关系却十分薄弱，这种关系还纯粹建立在未经体验
无形品质上，因此传达清晰一致的"信息"就非常重要了。
种明确和一致需要不仅运用在伪装设计渠道上，也覆盖了所
的设计方式，力求信息能够到达消费者手中。要确定伪装设
与产品开发主题的内容都一致是不够的，与伪装设计相伴随
产品必须是有分量的，伪装设计造就的产品外观、功能和品
必须与消费者的诉求是一致的，必须经过现有消费者的体验
到证明，伪装设计使产品的主张得到支持，伪装设计是未
费者的朋友。产品生产和销售的地点也必须反映同样的设计
值，这种设计价值在所有其他渠道的表达都是一致的。换句
说，重要的不仅是你自己的言行包含什么，你在何处说和如
做，别人对你的所作所为做出的评价也是非常重要的。

在伪装设计中，要明确设计风格一致的重要性，包括了伪装设计在
计风格、标志、公司"外表"以及更广泛地整合营销传播等

面的设计方式。随着传统的传播渠道已经堵塞为患，人们开始认识到，传达品质的"任何"机会都能够使品牌得以强大和成功，也最终认识到，在这个新的传达领域，任何认知差异对品牌整体效益的伤害会多么严重。

9

信息技术与
伪装设计
162…175

随着人类进入互联网时代，以及信息技术的发展和新媒体的完善，机移动终端的普及、社交软件的即时沟通交流、互联网的传速度、云技术的资源共享、物联网的完善等改变着人们的思模式和生活方式，带给大众一种崭新的体验。信息技术已经为大多数产品中不可或缺的一部分，它的快速发展使产品设变得越来越复杂，产品由过去的现实变成现实与虚拟并存。息技术的扩大使用，极大地刺激了人们对生活再塑造的渴望更激发了人们利用网络资源进行产品创新的热情。信息技术消费者参与产品设计研发提供了平台，用户能够与设计师互交流，为产品的创新设计提供理论与技术上的支持。信息技为产品设计行业带来了新的生机与血液，信息技术具有潜在伪装设计作用，展开了伪装设计的新篇章。在信息技术的支下，伪装设计能够更好地满足消费者多元化的需求。信息科能够凭借其对能源与材料的高效率利用，满足伪装设计的许要求，从而减少个性化因素对伪装设计的困扰。芯片技术实微型化的可能性让伪装设计可以减少对空间和材料的要求。行伪装设计不需要扩大生产规模，从而实现伪装设计的能源约。信息科技还可以提供社会、文化和知识等方面的数据信息满足伪装设计对于消费者信息的准确掌握。互联网构筑了一没有疆界的世界。信息传播的速度是以往不可想象的，虚拟境的平台使人与人之间的距离缩短至面对面。距离的拉近，来了信息的积累，凭借互联网，无论任何问题，通过对大量据的整理和分析，我们都可以利用信息技术轻松地找到满意答案。

信息科技为伪装设计提供了更多的可能性，似乎可以看成技术的升华一种发展的必然，它表明了一个崭新的产品设计的崛起。处"工业 4.0"和"中国制造 2025"这个历史时期，设计越来追求可预料和有结果的研发模式，通过产品来引导消费者的买选择，这一设计概念与过去有着根本的区别，它更着重于验和交互。

9.1 基于信息科技的伪装设计特点

9.1.1 用户参与

传统的产品对消费者是单向信息传递，消费者只能从造型和功能了产品的基本信息。经消费者心理学分析，消费者渴望在购买了解与产品相关的全部信息，便于做出对产品的购买决定。信息技术的发展为产品的全方面信息展示方式带来了新的可能性，增添了伪装设计在互联网时代的全新形式。"二维码"这一信息技术下诞生的产物，以方便、实用、面积小的特点，更新了传统序列号的形式，已被大众所接受。产品上的"二维码"方便消费者了解产品，通过扫描"二维码"，消费者可以充分了解产品的相应信息，包括使用说明、制作工艺、材料、价格、销售活动和售后服务等。同时，提供"二维码"的产品还会给消费者传达一种认知，"二维码"代表着正规品牌、官方认可和科技水平，这就使"二维码"携带了更多的附加值。当拿出手机开始识别产品上的"二维码"时，更多的是一种精神上的享受，享受着科技带来的二次价值。例如，可口可乐公司推出一种基于二维码的"歌词瓶"^{（见图 9.1）}。通过扫描可口可乐歌词瓶上的二维码，从手机上可以看到与瓶身上所印歌词相应的音乐动画，这个音乐动画可以在网络上分享，发送给朋友或是分享到朋友圈，也可以用这个音乐动画来代表你的心情，迎合了现今在各大聊天平台中大家聊天时习惯发表情图来表达心情的主流趋势。每一瓶可乐上面印着的歌词都不同，扫描"二维码"后播放的音乐动画也各不相同。这给购买可口可乐的消费者带来了具有新鲜感和娱乐感的体验。

在产品设计的过程中，如果能够使用户参与、体验产品设计的过程，整个设计过程让消费者参与评价，有利于更好地以用户为中心，解决消费者的痛点和情感需求。信息技术是以大数据为

图 9.1　通过扫描可口可乐歌词瓶上的二维码，手机立刻发出悦耳的音乐声，让互动科技不再是冰冷的科技，而能给生活带来更多乐趣和惊喜。

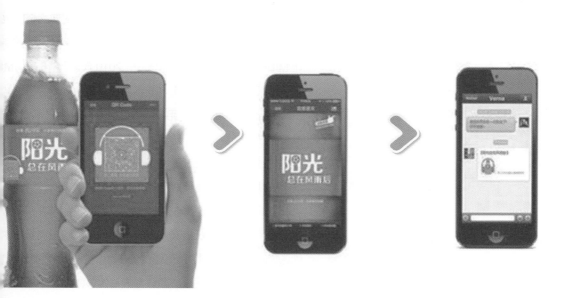

基础的技术形式，可以详尽地分析不同消费群的需求，设计师可以针对细分用户的需求、喜好和感知做区分和设计策略，制定有针对性的设计核心和准则。通过互联网来网罗大量关注人群，在产品开发上让消费者全程参与进来，使消费者在互动中理解产品信息、理念和内涵，然后根据消费者的需求和喜爱定制产品，这些产品也就成了受众力极强的产品。用户参与全程设计生产，同样提高了设计效率，设计师能与市场直接接触，避免了设计师构想和市场脱节的问题，能够最大限度地贴近消费人群。消费者在定制了自己喜欢的产品的同时，为商家做了服务。例如，MIUI 是小米科技旗下基于 Android 所开发的手机操作系统。为了让用户深入参与产品开发过程，小米设计了"橙色星期五"的基于互联网的产品开发模式，核心是小米的 MIUI 团队在论坛和用户互动，系统每周更新。每一个上线的用户都可以看到公司将要推向市场的操作系统的内容和特点。每周五的下午，伴随着小米橙色的标志，新一版 MIUI 如约而至。随后，MIUI 会在下周二让用户来提交使用过后的体验报告。通过体验报告，汇总出用户上周最喜欢哪些功能，哪些功能觉得还不够好，哪些功能最受期待。每个周五，用户就开始等待着 MIUI 的更新，这些刷机友很喜欢刷机，体验新系统，体验新功能。也许这个"橙色星期五"所发布的新功能是他们亲自设计的，或者某一个被修复的 BUG 是他们发现的。这让每一个深入参与其中的用户都非常兴奋。若要进行参与感构建，要尽量减少用户参与的成本以及把互动方式产品化。小米把 MIUI 每周升级时间固定，就是一个减少记忆成本的考虑，设计成四格报告也是对参与成本和产品化的考虑。正是这种用户深度参与的机制让 MIUI 收获了令人吃惊的增长。2010 年 8 月 16 日，MIUI 第一个版本发布时，只有 100 名用户，是小米一个一个从第三方论坛拉出来的，凭借用户的口口相传，没有投一分钱广告，没有做任何流量交换。一年后，MIUI 已经有了 50 万名用户。在这个过程中，消费者同时也成了生产者。这种模式下，用户不仅使用产品，还拥有产品，拥有感使用户遇到问题后不仅会发现问题，还会参与改进产品。但是，当 MIUI 每天有几多万名用户都在论坛提交需求时，如何排序这些海量需求的优先级呢？小米内部对产品需求有长期、中期和短期的定义，长期开发方向由企业核心团队沟通确定，中期和短期目标本是在和用户互动中产生，这个过程反过来修正设定的长期目标。从小米的例子可以看出，信息技术的利用，伪装设计已经从单一的实体产品研发，拓展到了产品研发系统这一层面上。企业不用再花巨额成本做研发各阶段繁杂的市场调研，担心市场调研的真实性等问题，因为很多时候企业动用巨资换来的就是一场所谓的"PPT 秀"。看似消费者在为企业无偿做贡献，但实际上作为用户也得到了更加适合自己的产品。随着用户不断地提出需求，系统在升级的同时，不仅只是给用户带来使用上的舒适，用户参与了设计并被认可，这一精神荣誉感也得到了最大限度的满足，产品的价格也随着用户的无偿参与而降低。这是一种商家与消费者之间互利共存的模式。当然，这一切被伪装在了网络上的一张调查问卷中或一个"二维码"后，使用户参与到产品设计开发中来并得以实施，究其根本还是得益于信息技术。

随着用户对产品体验感要求的提高，很多从事设计行业之外的用户想要涉足产品设计行业，但又没有相应的基础知识，于是互联网给他们带来了可能。非专业化、学科相异不再成为制约个人兴趣和发展的壁垒，每个人都可以根据自己的意愿，参与到产品设计中来，这既是商家与设计师愿意看到的，也是网络社会的发展必然。而且，通过分析与例证，基于互联网技术的支持，用户能够顺利自发性地参与到产品的设计中来，为产品的在线设计和协同设计做出先觉性尝试。同时，设计师也能在短时间内收集非常多的有质量和有创意的想法，为符合新时代的创新产品设计提供实用性方法来源。鉴于此，在互联网时代中，用户不一定需要有相应的专业知识，不了解市场、不知道生产方式，照样可以将自己青睐的产品制造出来，而且与设计师和商家形成互动，到达"零边界成本"的目的。

9.1.2　个性化定制

与用户参与相对应的就是个性化定制了，产品的个性化定制概念对于现今的社会已经不陌生了，市场中的各行各业皆有针对用户需求和喜好专门定制的产品。例如家具定制，目前，定制家具绝大多数被应用于办公环境下，根据空间装修的主题，配套定制与之符合的主体家具。当然，目前定制家具在家庭环境中也有使用，但不是特别普遍。个性化的定制产品在电子行业中，呈现的则是一种不可抵挡的趋势。以笔记本电脑为例，以往消费者在购买笔记本电脑时，只能从厂商设置好的系列型号中进行选择。笔记本电脑的配置是由商家设计的，消费者只能选择最大限度符合自己需求的型号，但笔本电脑不同于服装，服装的尺寸可以通过尺码来区分，这大数据分析总结后的结果，但笔记本电脑中包括了显示器键盘、主板、CPU、显卡、声卡、网卡、硬盘和内存等，同的硬件关系着相关功能，当然成本也就不同，这里就会生矛盾，厂家只能做出均衡的配置方式，但对于需求不同喜好不同的用户来说，标准配置带来了笔记本一部分功能于相应的用户来说是过剩或者多余的，这样便浪费了用户一大部分购买预算。针对这一问题，戴尔率先开启了用户制模式，而且是成规模的定制，消费者可在其官方网站上择任意系列的笔记本进行外观和性能组件的自主搭配，甚可以在机身上刻字，完全按照自身需求打造个性化的配置号。这种个性化定制的商业模式受到了众多用户的喜爱，在业内引起了共鸣，相继推出了类似的定制模式。定制能从小作坊发展成大规模的商业模式，依托于信息技术的发展互联网时代的信息传播交互更加便捷，消费者与厂商、设师、经销商及其他用户之间的联系更加紧密，各种网络平也为定制设计提供了更多便利。此类服务打破了原有只能有限的款式和型号中作选择的限制，在基本不增加成本的

▼
图 9.2 Puzzle 键盘可以像
积木一样拆开重组。

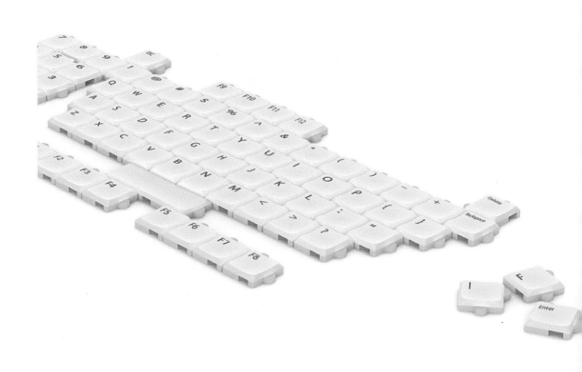

提下大大提升了消费者的自由度，将用户的选择权做了最大化的放大。一个通用型的伪装设计方案已经不能满足一款产品的需求，因为传统情况下的一款产品经过设计后是由多种元素组成为一个整体而呈现在消费者面前的；在定制化的模式下已经变成了可选择的系列产品，产品组合的自由度非常高，每一种产品在用户的定制下有多种不同的配置结果，在这种自由度很高的组成方式下，伪装设计的要求也随之提高，伪装设计需要能够符合定制化的特点。这就强调了针对定制化需要的多模块组件之间伪装设计元素的互相匹配度和协调性。例如，曾获红点奖的 Puzzle 键盘就可以像积木一样拆开重组^{（见图 9.2）}。根据不同人的使用习惯，键盘上有些按键几乎是用不到的，或需要不同的键盘排列方式，所以出现了一些按键需要调整位置的问题。这款 Puzzle 键盘可以满足用户将键盘按键自由排列和重组的需求，但并不影响使用。某一个按键损坏还可以更换新的按键，不用重新购买一个新键盘，对于消费者来说满足了定制化的需求并降低了支出，对于商家来说固定住了客户，除非所有按键都坏了，否则这款键盘将永远被用户使用下去。

需要特别指出的是，从促进伪装设计的发展而言，我们意识到信息技术在改善伪装设计品质方面所产生的潜在影响。从非常具体的实践层次上看，信息技术提供了一种动力，有助于伪装设计决定可能提供什么样的设计效果，以及什么样的伪装设计对产品和生活可能有明显的正面影响。要创造出能带动产品迈向新时代的设计方式，伪装设计不仅要使产品与环境更好地相互作用，也要确定它们对人性的基本价值和品质的关注，促进自我实现，提升文化与社会品质，使社会至善至美。

9.1.3 家庭化科技

信息技术不仅影响了伪装设计，对于时代的影响也是显著的。互联网时代提供了更多的招聘岗位，通过互联网可以发布招聘信息，求职者不出家门便可以看到全球的招聘信息，从而增强了人口的流动性，导致了人口从集中式转变为分散式。现在一个家庭的所有成员生活在同一个城镇中的情况已经相当少见，更不用说以前的数代同堂了。复杂的社会组织结构变得数字化，这意味着我们的身份更多时候是用数码来区分，而不是名字。市场竞争压力也在意味着亲切的街头小店被缺乏人情味的超级市场所取代。地方性社区已经不再是一个紧密的团体，也不再是成

员活动时自然聚集的地方。搬到社区的外地人还没有和当地
民认识，便又搬走了。所有这些因素改变了消费者的稳定感
归属感，甚至影响了设计师的设计理念。

物质与社会的分散化促成了个性化的发展趋势，个性化趋势又反过
促进了社会的分散化。人们不再像祖辈那样，仅仅隶属于一
单一族群。相反，他们属于各个族群，其中至少有一部分族
是由他们自己选择而构成的——家庭、朋友、同事以及有共
爱好、兴趣和价值观者。就地理位置而言，这些群体可能分
广泛。有些成员相互认识，而有些却从未谋面，但依然穿着
样流行款式的服装便可彼此认同。而这些对某个族群的忠诚
间便会因情绪或环境状况的不同而改变。人们变得具有多族
的特征，与此同时，个人的多样性也改变了族亲的同质性。

新家庭品质、社会和个人的这些改变反映出一种对空间的认同感的
确定性，我们开始目睹这种不确定所带来的反作用：人们期
安全亲密的家庭根据地，在那里可以举行传统仪式，让社会
和人类的温暖再一次成为至高无上的价值。

传统和仪式给予我们一种安然自在的归属感，一种因了解自我根源
产生的自信心。我们的心里有一股力量驱使我们向存在的初
状态前进。在这种状态下，生理环境和心灵环境与我们今天
体验相比，正在以更惬意的步伐改变。与祖先相比，我们都
自己生活的难民。加速发展的科技和地理政治变革把我们从
个避难所转向另一个避难所，在这个过程中，我们不得不放
许多我们所知所爱的东西，希望找到新的机会，却又为自己
否应付而忧心忡忡。因此，家必须是一个让我们不会对高科
感到恐惧的地方，而且还能充分享受高科技给我们带来的利
它不仅让我们感到舒适，而且给予我们像是深富传统的家庭
一样自然的体验。

一个世纪以来，家庭中的行为分布已经改变。消费者从单一中心家
转向多中心家庭，一些独特的活动不再局限于特定的房间，
是多半可以在房子里的任何地方进行。这个发展也反映了社
本身越来越分散化和个性化。甚至连家庭都正在变成个人的
区。就像 20 世纪工业化世界中大家庭的解体，现在维系核
家庭的约束力开始松弛，最基本的社会单元正在被一种无法
挡的离心力扯散开来。

家庭化科技这种离心力作用究竟有多大？这很难说清。当然，从一
重要的方面来说，这个是解除束缚的过程，个人可以选择的

3　利用伪装设计，
能设备附加至传统产
。

围比数十年前宽广得多。十分确定的是，这样的过程不可逆转。
众所周知，人类本质上是社会动物。我们会继续在家里共同生
活。像过去一样，隐居的生活方式仍只是少数人的选择，社会
接触已然是我们生活中的重要部分，消费者将可以真正地选择
自己如何与他人接触，选择范围也比以前宽广很多。我们可以
通过多种途径和渠道来体验这种接触，其中很多是通过电子方
式实现的。

当电子媒体提供越来越丰富的体验时，无法亲自出席将不再是社会接
触的障碍了。我们可以通过可视电话进行面对面的交流，通过
电子邮件及时做出反应，还可以使用可视电话召开会议。我们
仍可以像现在一样为朋友的光临感到高兴，也可以和远在千里
之外的客人"共享快乐"。

借助于互联网社交平台，现在很多人热衷于刷朋友圈，很多人都爱将
自己的重要时刻上载，与朋友分享。运动和健身已经成为当下
一种时尚，人们会把自己骑行或行走的路程发布到网上。有很
多人会在家中健身，由 lunar Europe 公司研制的 Tera 智能瑜

伽垫^(见图9.3)可以更适应用户的需求。它的智能表面可以感
用户的运动轨迹，并同步到 APP 上，通过感应器记录用户
动作。不同于普通的长方形瑜伽垫，Tera 被设计为圆形，
小刚好适应人体动作的自然半径。面料来自丹麦知名面料厂
Kvadrat，持久耐用，防滑耐磨。平时不用时，也可以作为
居中很好的装饰品。Tera 不仅可以用于练习瑜伽，还可以
习更高阶的瑜伽、普拉提，甚至更为小众的泰拳、卡波卫勒
等等。有这样一款互动的瑜伽垫，用户觉得在家健身变得更
趣了。分享和互动增进了锻炼的乐趣，附加了一种荣誉感和
感化。通过智能硬件和软件的配合，产品将一种精神享受伏
在了产品中，解决了现代都市带给人的孤独冷漠、需要关心
交流的问题，提升产品的附加价值。

9.1.4 网络互动与接触

通过网络共享来扩展社交，并不是科技给家庭带来更多利益的唯一
式。与世界交流——这里所指的"世界"只是字面意思——
可以让人们获取更多信息和互动的知识资源，扩展文化和智
方面的经验，使人们能够远距离共享的新型电子通信服务以
样的方式进入家庭，从上街购物、去银行等传统消费者服务
定制电视以及其他娱乐资源。音响和影像处理与传输技术的
断发展将不可避免地扩大我们的感官体验，或许其发展比我
现在所能想象的还要快。我们在其他时间和地方的感官刺激
验将会使我们向体验生活的品质靠近。

虽然在信息时代，各种聊天软件可以实现视频、语音和短信沟
通过聊天工具人们可以传达相互之间的感情，发各种表
包。但这些始终是出于视频和音频层面的，不能够实现真
的物理接触，也就是拥抱、接吻和牵手这些身体接触。设
师 Mark van Rossem 发明了这样一款能让人"隔空牵手"
产品"HEY"^(见图9.4)。用手握一下"HEY"，它会把思念真
地传递给对方，这是一种伪装而真实的物理接触技术。"HE
是基于智能手环形式的，通过"蓝牙"技术和手机 APP 连
"HEY"传递信息的方式是非常私密的，只在配对"HEY"
间传递，而且收紧结构被设计得非常巧妙和隐蔽，从外观
看不出手环在传递信息时的明显变化，减少了用户在公共
境下被传讯所带来的困扰。由于"HEY"是通过触摸就可
发送信号，操作过程被设计得十分严谨，为了防止错误的
动打扰了对方，在用户触摸了手环后，再点击 APP 上的发
键，才会发送给对方。它还可以记录用户之间的距离，以

用户距离上一次见面已经分开的时间。这个手环让用户在分
开的日子可以和对方保持最大限度的联系，增添和维系彼此
的情感。

9.2 基于信息技术的伪装设计流程

在信息技术的时代背景下，伪装设计流程包括前期研究、中期设计和
后期评价三个阶段。在前期研究阶段中，需要依托于互联网，
建立简单而快捷的设计师和用户交流的网络社交平台，以便收
集用户的建议和使用习惯等重要数据，打破行业之间的壁垒，
让用户可以零距离地参与到设计中，从而唤起用户的"责任感"。
设计师会根据用户或商家对市场的预测做出设计要求，根据用
户的意见和需求确立设计方案，并准确定位未来开发产品的商
业特征，最终确定伪装设计的方向。基于信息技术的伪装设计
应充分利用网络资源，进行设计定位，策划设计方案，为伪装
设计研发做前期准备。对于信息技术下的设计调研，本质上是
互联网商业模式的调研。在互联网平台上展开调研，把握最新
的市场动态，将信息反馈给设计师。设计师再根据每个用户的
想法和偏好，充分利用网络社交平台，汇集并统计出更多信息，
从中总结出最佳的观点作为参考。

在中期设计阶段，虽然设计方案是商业保密性的，但设计师还是可以
在允许的范围内与用户进行交流，利用互联网平台收集到的信
息对伪装设计的方式和效果进行策划。用户以及商家可以充分

发挥自己的设计理念，这种不必受传统规则制约的构思，往
会对伪装设计起到极大的促进作用。将自己的想法反馈给信
平台，最后设计师根据可行性原则选择可取的方案，对产品
行草图的绘制以及表现手法的体现，最终形成伪装设计初始
案的整个框架。

在后期评价阶段，产品投向市场后，可根据企业官方网站或网络社
平台对产品进行市场反馈跟踪，长期收集用户的反馈信息，
是取证伪装设计效果的捷径。设计师可及时得到信息，这比
统的市场销售反馈信息要快得多。

当然，基于信息技术下的伪装设计流程也会有互联网一贯存在的问题
新的产品设计模式，具有极大的市场吸引力，在这种吸引力
用户不分界限，都有机会参与到产品的设计过程始终，这给
装设计带来了新的生机。但大量的用户参与势必会增加网络
台的负荷，信息量庞大，建议优劣参半，影响设计师对信息
分析和利用。此外，用户文化教育程度和爱好的差别巨大，
户直接参与设计存在着不可控性，具有极大的风险。同样
用户可能因为不能及时看到设计师的反馈信息，对自己的参
价值产生怀疑，从而不信任网络设计平台，造成用户兴趣索
不再主动参加产品的设计过程，甚至发表恶意言论，产生恶
的联带效应。因此，关于信息技术下的伪装设计方法尚处于
论研究阶段，对于很多实际操作方面所产生的问题还有待解
和完善，力求更趋于实用性和完美性。

处于 21 世纪初的今天，科技能够为伪装设计增添更多的伪装元
更多的伪装元素促使伪装设计提供更多的设计形式，确保能
将科技适当地整合到产品中，增加消费者的稳定感和归属
使产品更好地服务于人。

10

未来怎样做好
伪装设计
176…180

怎样能够在未来更好地做好伪装设计呢？这是一个需要继续研究的
题，诚如本书所阐述的许多内容。产品设计由于客观因素的
响，从而造成造型或功能上的不协调，这些可以通过伪装设
加以平衡。家庭生活和工作的变化速度越来越快，促进了地
文化的发展和演变。某些地域文化特征随着流动性被削弱，
些地域文化特征互相融合。

设计师可以借助伪装设计来维持消费者对产品的认同感和产品自身
稳定感。要想维持消费者对产品的普遍认可，他们就必须这
做。消费者对产品的反应各有不同，常常是截然相反。一些
费者采取极端的立场。在消费者中有积极分子，他们致力于
出所看到的错误，当然这也辅助了设计师的创作思路。消费
中的另一方是不积极者，他们对产品的不舒适不关心。但是
多数消费者介于这两个极端之间，体现出一种消费者的态度
有时消费者的思想受到所见所闻的影响；有时消费者却将产
存在的严重问题抛到一旁，忽视了产品上的种种问题。这只
过是暂时的偏差而已，但作为设计师是不能忽视这些问题的
研究和提炼这些问题，可以提高伪装设计的水平，并摸索出
新的伪装设计方法。事实上，在产品设计领域中，消费者正
日益拒绝那些空洞的、无意义的产品。他们正在决定，该是
注生活中重要的事物、重视生活的基本价值与品质的时候
没有矫揉造作，不需要浮夸的装饰。面对产品设计所面临的
重情况，伪装设计以对产品、环境和消费者的最大限度地充
利用为根本前提。

可持续发展和环保这一理念在当今社会越来越被消费者所认可，
们开始支持各种绿色行动。社会在高速发展，发展的背后
必存在着污染和浪费，科技的发展带来了琳琅满目的产品
引领人们看到了美好的生活质量，但同时却潜藏着巨大的
源紧张问题。全球每年会产生 80 亿吨的塑料瓶垃圾，其
80% 的处理方式是土地填埋，而这些废弃塑料瓶需要 8
年才能自然生态降解。很多设计师也开始行动起来，将
光放在了废弃物回收或是减少污染和浪费上。例如，Pap
Waterbottle 环保纸杯是用硬纸壳做成的（见图10.1），采用 100
有机材质和可再生成型纤维，包括竹子、芦苇和甘蔗，内
使用 100% 树脂材质，能很好地密封液体，饮用也安全放
它的强度可以使其反复使用，并且防止液体渗出。在使用
段时间后，该纸杯还可以作为堆肥使用，你如果养些花花草

就可以用到它。Paper Waterbottle 有多种规格，包括 70 毫升、250 毫升及 750 毫升。此外，还提倡使用环保袋购物、减少塑料袋的使用等。这些方式无疑对环境和资源都起到了保护作用，人们在使用这些产品的同时，有一种保护自然的荣誉感。废弃物再利用的设计方法是伪装设计可以采用的一种非常好的形式，伴随着科技的发展，回收再处理的材料视觉效果不亚于新材料本身，这就最大限度地支持了设计师的发挥空间。基于伪装设计方法，设计师必须以更加整体的、更全球化的角度来考虑如何进行设计。

伪装设计应当有能力促进可再生资源代替不可再生资源，以及把不可再生资源的利用控制在最低限度，并且维护自然与人工环境的关系，这也是当下人类社会的主旋律。在这样的社会背景中，人与产品都有能力攀登更高的阶梯。围绕着这一目标，伪装设计也在更好地满足用户的需求。用户的需求是由生理需求、心理需求和精神需求三种需求组成的。首先，设计需要满足的是生理需求，这是最基础的需求，接下来要解决的是心理需求，最高层次是精神上的需求，这些需求组成了人的价值观。从生活文化塑造入手，除品牌追求外，对产品功能、形式赋予更多的内涵意蕴，通过功能拓展、氛围营造、成长伴随和减压随性等方法塑造不同伪装设计形式，最终达到舒适、便捷和安逸的构想目标。伪装设计是一个"目标"和"过程"同样重要的产品设计方式，是一个可以洞察消费者的特征和需求从而将其拓展为经验，并达到消费者所期望的目标的方式。它将会是产品设计中的又一种提高人们日常生活质量的设计方法。伪装设计实现了产品设计方法中无法实现的想法与功能，伪装设计的这

10.1 鲜明的保护自然的
题更能够给用户带来荣
感。

种"无限可能性"的能力增强了产品操作的体验和情感交流，同时也引导了用户的使用习惯与认知方式。伪装设计的引导成为人与产品沟通互动的催化剂，成为一种基于潜意识和行为习惯的关键点。伪装设计需更多关注人们的生存环境、思维性与行为习惯，这些内容影响了人们如何理解和使用事物。装设计能够构建出自然直观的互动关系，帮助人们熟悉新事物建立起人们对产品的体验和信任，增强人们的主观能动性和制感。

运用伪装设计来推动各个价值要素的发展，将会成为产品设计的识，而伪装设计以产品策略模式的导入又使企业分散的设行为整合上升到战略层面，并与企业的整体经营战略与品战略相配合。各个设计门类的资源在伪装设计的指导下，同优化各产品价值要素资源整合每个设计元素，最终实现品质量和价值的提升。伪装设计将有一个清晰且值得追求目标，而产品设计将有机会得以升华。

参　考
文　献

1

柳冠中 . 事理学论纲 [M]. 长沙 : 中南大学出版社，2005

2

何人可 . 工业设计史 [M]. 北京 : 高等教育出版社，2011

3

[英] 理查德·莫里斯（Richard Morris）. 产品设计基础教程 [M]. 陈苏宁，译 . 北京 :
中国青年出版社，2009

4

[日] 原研哉 . 设计中的设计 [M]. 纪江红，朱锷，译 . 桂林 : 广西师范大学出版社，
2010

5

[美] 唐纳德·A. 诺曼 . 设计心理学 [M]. 梅琼，译 . 北京 : 中信出版社，2013

6

[荷] 斯丹法诺·马扎诺 . 飞利浦设计思想 : 设计创造价值 [M]. 蔡军，等，译 . 北京 :
北京理工大学出版社，2002

7

[美] Jonathan Cagan，Craig M.Vogel. 创造突破性产品——从产品策略到项目定
案的创新 [M]. 辛向阳，潘龙，译 . 北京 : 机械工业出版社，2003

8

[美] 唐纳德·A. 诺曼 . 情感化设计 [M]. 付秋芳，程进三，译 . 北 京:电子工业出版社，
2005

9

王明旨 . 工业设计概论 [M]. 北京 : 高等教育出版社，2007

10

卢景同 . 形式语言及设计符号学 [M]. 北京 : 机械工业出版社，2011

网络
资源
参考

01　https://www.pinterest.com/

02　http://www.zcool.com.cn/

03　http://www.shejipi.com/

图书在版编目（CIP）数据

产品伪装设计 / 于广琛著 . — 北京：
知识产权出版社，2015.10（2018.10 重印）
ISBN 978-7-5130-2522-5

Ⅰ . ①产… Ⅱ . ①于… Ⅲ . ①产品设计 Ⅳ . ① TB472

中国版本图书馆 CIP 数据核字 (2015) 第 235177 号

责任编辑　张　冰
特约编辑　梁　绸
书籍设计　王　鹏
内文排版　张　悦
责任校对　潘凤越
责任印制　刘译文

....

**产品
伪装
设计**

于广琛

著

出版发行：**知识产权出版社** 有限责任公司

社址：北京市海淀区气象路 50 号院

邮编：100081

网址：http://www.ipph.cn

责编电话：010-82000860 转 8024

责编邮箱：zhangbing@cnipr.com

发行电话：010-82000860 转 8101/8102

发行传真：010-82000893/82005070/82000270

印刷：三河市国英印务有限公司

经销：各大网上书店、新华书店及相关专业书店

开本：175mm×260mm 1/16

印张：11.5

版次：2015 年 10 月第 1 版

印次：2018 年 10 月第 2 次印刷

字数：182 千字

定价：88.00 元

ISBN 978-7-5130-2522-5

出版权专有　侵权必究
如有印装质量问题，
本社负责调换。